はじめからの物理学

大沼　甫
相川文弘
鈴木　進 著

朝倉書店

まえがき

　最近，入試の多様化の影響で，高校で物理をまったく履修せずに大学の理工系学部・学科に入ってくる学生が増えている．また，物理IBの前半程度を履修はしたものの，復習の機会もないままに大学に来て，内容をほとんど忘れてしまった者も少なくない．一方，大学の基礎科目・一般科目としての物理学の講義・実験は，少なくとも高校で物理IBまで履修したことを前提として行われるのがふつうである．

　このギャップを埋めるため，大学の1年次で，一部の学生に対して，高校物理程度の内容の補習授業を行っている大学も増えてきている．しかし，他に正規の講義・演習・実験があってその空き時間に行われるためもあり，また数学の基礎学力も同時に不足している学生が少なくないこともあって，高校物理の内容を1-2学期の間に十分カバーするような講義・演習を実施することは，非常に難しい．

　本書は，そのような補習授業を助ける目的で書かれた．そのため，内容は大学における物理の履修に今後最低限必要となるものとして，力学，熱，電磁気の3テーマに絞り，波動や原子などのテーマは割愛した．また，レベルとしては高校の物理IBの内容に，物理IIの内容を一部加えたものになっており，理工系の学生ならば，ここまでの基礎知識はもった上で大学での講義や演習・実験にのぞんでほしい，と思うことばかりである．また，限られた時間内の補習授業だけでは不足する部分を学生が自習できるような配慮も加えた．章末問題をA，Bの2つに分け，Aの方に詳しい解答を付したのは，その1例である．

　本書は，あくまでも大学の基礎物理・一般物理のために書かれたものではなく，それを受講するために必要な基礎知識を与えるためのものである．し

かし，さほど本格的な物理を履修する必要のない学部・学科では，初歩的な教科書として使用することも可能であろう．

　本書では，公式や法則の羅列はなるべく避けて，その意味や内容をできるかぎり説明するようにした．そのため，図や写真などもかなり取り入れたが，本書の性質上，どうしても十分というわけにはいかなかった．本書で十分な説明ができなかった事項や，より進んだ取り扱いを学びたい者は，例えば「基礎から学ぶ物理学上，下」（大沼他著，培風館 1998 年）を参照して頂きたい．

　本書の原稿は第 1，2，3 章を相川，第 4 章と付録を大沼，第 5，6，7 章を鈴木が分担して執筆し，3 人の討議を経て，最終的に大沼がまとめた．

2002 年 3 月

著　　者

目　次

1. 物体の運動 ……………………………………………… 1
   1.1 平均の速さと瞬間の速さ ………………………… 1
   1.2 等速運動 …………………………………………… 3
   1.3 直線運動の変位と速度 …………………………… 4
   1.4 直線運動の加速度 ………………………………… 5
   1.5 等加速度直線運動 ………………………………… 7
   1.6 一直線上の等加速度運動の速さと距離の関係 … 8
   1.7 ベクトル …………………………………………… 11
   1.8 速度の合成，分解 ………………………………… 11
   1.9 ベクトルの計算と規則 …………………………… 12
   1.10 平面運動の速度，加速度 ………………………… 14
   1.11 落下運動・重力加速度と自由落下 ……………… 15
   1.12 鉛直投げおろし …………………………………… 17
   1.13 鉛直投げ上げ ……………………………………… 17
   1.14 水平投射 …………………………………………… 19
   1.15 斜方投射 …………………………………………… 20

2. 力と運動の法則 ………………………………………… 25
   2.1 力の表し方 ………………………………………… 25
   2.2 力の合成と分解 …………………………………… 26
   2.3 力のつりあい ……………………………………… 27
   2.4 いろいろな力 ……………………………………… 28
   2.5 力のモーメント …………………………………… 31

2.6　剛体と大きさのある物体の力のつりあい ･････････････････ 32
　2.7　重　心 ･･･ 33
　2.8　運動の3法則 ･･ 34
　2.9　運動量と力積 ･･ 39
　2.10　運動量の保存 ･･ 42

3. 運動とエネルギー ････････････････････････････････････ 50
　3.1　仕事と仕事率 ･･ 50
　3.2　仕事と運動エネルギー ････････････････････････････････ 52
　3.3　重力による位置エネルギー ････････････････････････････ 53
　3.4　落下運動と力学的エネルギー ･･････････････････････････ 54
　3.5　弾性力による位置エネルギー ･･････････････････････････ 55
　3.6　ばねの振動と力学的エネルギー ････････････････････････ 56
　3.7　保存力と位置エネルギー ･･････････････････････････････ 57
　3.8　摩擦による力学的エネルギーの損失 ････････････････････ 59
　3.9　はねかえり係数とエネルギーの損失 ････････････････････ 59
　3.10　等速円運動 ･･ 60
　3.11　等速円運動の加速度 ･･････････････････････････････････ 62
　3.12　慣　性　力 ･･ 63
　3.13　遠　心　力 ･･ 64
　3.14　万有引力の法則 ･･････････････････････････････････････ 65
　3.15　万有引力による位置エネルギー ････････････････････････ 67

4. 気体の性質と温度，熱 ････････････････････････････････ 73
　4.1　物質と原子・分子 ････････････････････････････････････ 73
　4.2　気体分子と壁との衝突，ボイルの法則 ･･････････････････ 74
　4.3　シャルルの法則と絶対温度 ････････････････････････････ 77
　4.4　ボイル・シャルルの法則と理想気体 ････････････････････ 78
　4.5　熱の本質 ･･ 80
　4.6　熱の仕事当量 ･･ 81

- 4.7 熱容量と比熱 …………………………………… 83
- 4.8 潜　　　熱 …………………………………… 84
- 4.9 アボガドロ数と分子・原子 …………………… 85
- 4.10 分子・原子の性質 ……………………………… 88
- 4.11 大気と真空 ……………………………………… 90
- 4.12 内部エネルギー ………………………………… 91
- 4.13 熱力学第1法則 ………………………………… 92
- 4.14 理想気体のさまざまな変化 …………………… 94
- 4.15 サイクルと熱機関 ……………………………… 95
- 4.16 熱の特殊性，不可逆変化 ……………………… 98
- 4.17 熱力学第2法則 ………………………………… 99

5. 静　電　場 …………………………………………… 104

- 5.1 電　　　荷 …………………………………… 104
- 5.2 静電誘導と誘電分極 …………………………… 105
- 5.3 クーロンの法則 ………………………………… 106
- 5.4 電　　　場 …………………………………… 107
- 5.5 電気力線とガウスの法則 ……………………… 109
- 5.6 電位と電位差 …………………………………… 113
- 5.7 等 電 位 面 …………………………………… 114
- 5.8 導体と静電場 …………………………………… 116
- 5.9 コンデンサー …………………………………… 118
- 5.10 電 気 容 量 …………………………………… 119
- 5.11 誘　電　体 …………………………………… 120
- 5.12 コンデンサーの接続 …………………………… 121
- 5.13 静電エネルギー ………………………………… 123
- 5.14 定 常 電 流 …………………………………… 124
- 5.15 オームの法則と抵抗 …………………………… 125
- 5.16 抵抗の接続 ……………………………………… 125
- 5.17 電流と仕事 ……………………………………… 128

5.18 直流回路 ……………………………………………… 129

6. 静 磁 場 ……………………………………………… 134
6.1 磁石と静磁場 ……………………………………… 134
6.2 電流による磁場 …………………………………… 135
6.3 ビオ・サバールの法則 …………………………… 137
6.4 アンペールの法則 ………………………………… 140
6.5 ソレノイドがつくる磁場 ………………………… 141
6.6 ローレンツ力 ……………………………………… 143
6.7 電流が磁場から受ける力 ………………………… 144

7. 電磁誘導と交流 ……………………………………… 148
7.1 電磁誘導 …………………………………………… 148
7.2 磁場の中を動く導体に生じる起電力 …………… 149
7.3 自己誘導 …………………………………………… 151
7.4 磁場のエネルギー ………………………………… 152
7.5 相互誘導 …………………………………………… 153
7.6 交 流 ……………………………………………… 153
7.7 交流と抵抗 ………………………………………… 155
7.8 交流とコイル ……………………………………… 156
7.9 交流とコンデンサー ……………………………… 157
7.10 電気振動 …………………………………………… 158
7.11 電磁波 ……………………………………………… 159

問題解答 …………………………………………………… 165

付 録 …………………………………………………… 186

索 引 …………………………………………………… 204

1

物体の運動

1.1 平均の速さと瞬間の速さ

一直線上を運動する物体の速さ v は，進んだ距離 s [m] をその距離だけ進むのにかかった時間 t [s] で割って，

$$\text{速さ} = \frac{\text{距離}}{\text{時間}}, \qquad v = \frac{s}{t} \qquad (1.1)$$

で与えられる．速さの単位には**メートル毎秒**（記号 m/s）や**キロメートル毎時**（記号 km/h）が用いられる．自動車が 1 時間に 50 km 走れば，その速さは 50 km/h である．しかし，自動車は常に一定の速さで走っているとは限らないので，上の式の速さ v はその間の**平均の速さ**を表している．

いま，基準点 O から s_1 の距離の地点 A を時刻 t_1 に通過した自動車が，O から s_2 の距離の地点 B を時刻 t_2 に通過したとする（図 1.1）．図 1.2 はこのときの自動車の位置と時刻の関係を示したグラフである．時刻 t_1 から t_2 にかけての自動車の平均の速さは，

$$v = \frac{s_2 - s_1}{t_2 - t_1} \qquad (1.2)$$

で与えられ，これはグラフの曲線上の 2 点 A, B を通る直線の傾きに等しい．

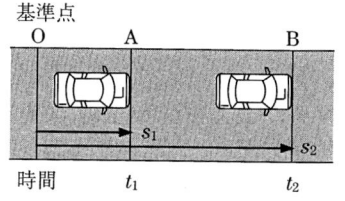

図 **1.1** 平均の速さ

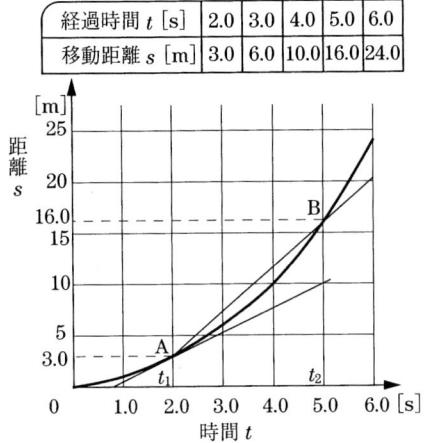

経過時間 t [s]	2.0	3.0	4.0	5.0	6.0
移動距離 s [m]	3.0	6.0	10.0	16.0	24.0

図 1.2　平均の速さと瞬間の速さ

時刻 t_1 から t_2 までの間の平均の速さ

$$\frac{16.0 - 3.0}{5.0 - 2.0} \fallingdotseq 4.3 \,[\text{m/s}]$$

時刻 t_1 における瞬間の速さ

$$\frac{10.0 - 3.0}{5.0 - 2.0} \fallingdotseq 2.3 \,[\text{m/s}]$$

　時刻 t_2 を t_1 に限りなく近づけたときの平均の速さを，時刻 t_1 における**瞬間の速さ**，また単に**速さ**といい，これはグラフの点 A における接線の傾きに等しい．また，自動車のスピードメーターはこの値を示している．

　基準点からの距離 s を時間 t の関数として $s = s(t)$ と表すと，$s_1 = s(t_1)$，$s_2 = s(t_2)$ である．ここで，時刻 t 秒から非常に短い時間 Δt 秒間に進んだ距離を Δs とすれば，時刻 t から時刻 $t + \Delta t$ にかけての移動距離は $\Delta s = s(t + \Delta t) - s(t)$ であるから，この短い時間 Δt 秒間の平均の速さは

$$v = \frac{\Delta s}{\Delta t} = \frac{s(t + \Delta t) - s(t)}{\Delta t} \tag{1.3}$$

と表される．Δt が小さくなるほど時刻 t における瞬間の速さに近づく．そこで，Δt を限りなく 0 に近づけるという意味の，$\lim_{\Delta t \to 0}$ という記号を用いて，時刻 t における速さを

$$v(t) = \lim_{\Delta t \to 0} \frac{s(t + \Delta t) - s(t)}{\Delta t} \tag{1.4}$$

と定義する．

微分と導関数

変数 x の関数 $y = f(x)$ の導関数を

$$\frac{\mathrm{d}f(x)}{\mathrm{d}x} = \lim_{\Delta x \to 0} \frac{f(x + \Delta x) - f(x)}{\Delta x} \tag{1.5}$$

と定義する．$\dfrac{\mathrm{d}f(x)}{\mathrm{d}x}$，すなわち $\dfrac{\mathrm{d}y}{\mathrm{d}x}$ を求めることを微分するという．式 (1.4) は変数 t の関数 $s(t)$ の導関数 $\dfrac{\mathrm{d}s}{\mathrm{d}t}$ が速さ v であることを表している．導関数をもう一度微分して得られる導関数を 2 次導関数といい，$\dfrac{\mathrm{d}^2 y}{\mathrm{d}x^2}$ と表す．本書で扱う関数の導関数を付録 A3 に示してある．

1.2　等　速　運　動

速さが一定である運動を**等速運動**という．速さ v の等速運動で，t 秒間の移動距離 s は，

$$s = vt \tag{1.6}$$

であるから，s は速さ v と時間 t との関係を示す $v\text{-}t$ グラフ（図 1.3(a)）の網かけ部分の面積に等しい．また，等速運動の $s\text{-}t$ グラフは図 1.3(b) のように原点を通る直線になり，その傾きが速さ v を表している．ここで，s を t の関数として，t で微分すれば，等速運動では

$$\frac{\mathrm{d}s}{\mathrm{d}t} = v\,(一定) \tag{1.7}$$

である．

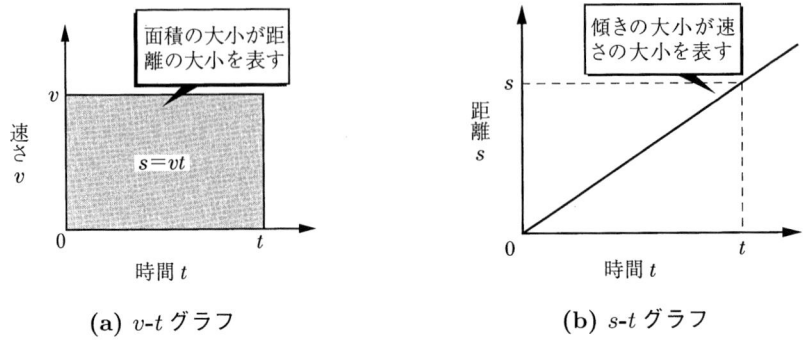

(a) v-t グラフ (b) s-t グラフ

図 1.3　等速運動の v-t グラフと s-t グラフ

1.3　直線運動の変位と速度

物体の移動の向きと移動距離を表す量を**変位**という．直線運動の場合，直線に沿って向きを決めれば，物体の変位は，移動距離に正負の符号をつけて表すことができる．

例えば図 1.4 のように，直線上で 10 m 離れた 2 点 A, B を A→B の向きに物体が移動すれば，そのときの変位は +10 m, B→A の向きに移動すればそのときの変位は −10 m である．

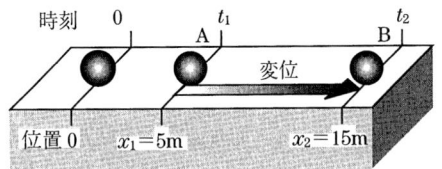

図 1.4　直線運動の変位

x 軸上を運動する物体が時刻 t_1 に位置 x_1, 時刻 t_2 に位置 x_2 を通過したとすると，時刻 t_1 から t_2 の間の変位は $x_2 - x_1$ であり，単位時間（例えば 1 秒間）あたりの変位は時刻 t_1 から t_2 の間の平均の速度 $\bar{v}$ に等しい．

$$\bar{v} = \frac{x_2 - x_1}{t_2 - t_1} \tag{1.8}$$

もし，$x_1 < x_2$ なら $v > 0$ で物体が x 軸の正の向きに運動し，$x_1 > x_2$ なら $v < 0$ で x 軸の負の向きに運動していることを示している．ここで，t_2 を限りなく t_1 に近づければ，上の式は t_1 における**瞬間の速度**（あるいは単に**速度**）を与える．このように，どのような速さで，どの向きに運動をしているのかを表す量が速度である．直線上を等速運動する物体の運動は，速度が一定であるから，**等速直線運動**あるいは**等速度運動**という．

速度と進んだ距離の関係
$v > 0 \Longrightarrow$ 時間とともに距離が増える $\Longrightarrow$ 前（プラス方向）に進む
$v < 0 \Longrightarrow$ 時間とともに距離が増える $\Longrightarrow$ 後ろ（マイナス方向）に進む
$v = 0 \Longrightarrow$ 距離は増えも減りもしない $\Longrightarrow$ 静止している

1.4　直線運動の加速度

交差点の手前で止まっている自動車が，青信号になって走り始めるとき，自動車の速度は 0 からしだいに増加していく．逆に，走っている自動車が赤信号の交差点の手前で停止するときには，自動車の速度はしだいに減少して 0 になる．このように速度が時間とともに変化する運動では，1 秒間あたりの速度の変化を表す量を考えて，これを**加速度**という．自動車の運動を，直線上を運動する物体として考えてみよう．

x 軸上を運動する物体が時刻 t_1 に速さ v_1，時刻 t_2 に速さ v_2 であったとすると，時刻 t_1 から t_2 の間の速さの変化は $v_2 - v_1$ であり，単位時間（例えば 1 秒間）あたりの速さの変化は

$$\bar{a} = \frac{v_2 - v_1}{t_2 - t_1} \tag{1.9}$$

で与えられる．これは，時刻 t_1 から時刻 t_2 にかけての平均の加速度である．ここで，t_2 を t_1 に限りなく近づければ，上の式は t_1 における瞬間の加速度（あるいは単に加速度）を表す（図 1.5）．加速度の単位には**メートル毎秒毎秒**（記号 m/s^2）が用いられる．

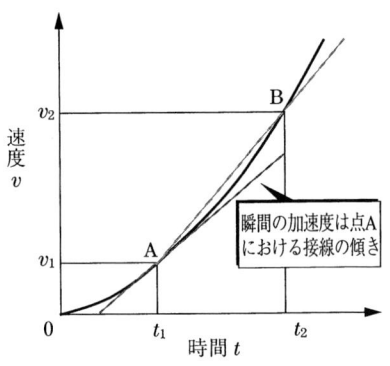

図 1.5　平均の加速度と
　　　　瞬間の加速度

　例えば，静止している自動車が，走り始めて 10 秒後に速度が 5 m/s になったとすると，その間の平均の加速度の大きさは 0.5 m/s² である．また，10 m/s で走っている自動車がブレーキをかけて，5 秒後に 5 m/s に減速したときの平均の加速度は，−1.0 m/s² である．

　短い時間 Δt 秒間に速度が Δv だけ変化したとすると，平均の加速度は，

$$a = \frac{\Delta v}{\Delta t} \tag{1.10}$$

と表せる．ここで Δt を限りなく 0 に近づけることで，加速度 a は

$$a = \frac{dv}{dt} = \frac{d^2 x}{dt^2} \tag{1.11}$$

のように，速度 v の導関数として求まる．言いかえれば，速度 v を時間 t で微分すると加速度になる．さらに，加速度は位置 x を時間 t で 2 度微分したものに等しい．

プラス方向に運動しているときの加速度と速さの関係

$a > 0 \implies$ 時間とともに速さが増える $\implies$ 加速（プラス方向に加速）

$a < 0 \implies$ 時間とともに速さが減る　$\implies$ 減速（マイナス方向に加速）

$a = 0 \implies$ 速さは増えも減りもしない $\implies$ 等速運動

1.5 等加速度直線運動

x軸上を運動する物体について，もし$v_1 < v_2$なら$a > 0$となり，物体がx軸の正の向きに加速している．$v_1 > v_2$なら$a < 0$となり，物体がx軸の正の向きに運動していても，x軸の負の向きに加速していることを示している．

このように，直線運動している物体の加速度に正負の符号をつけて，物体の加速度の大きさと加速する向きをいっしょに表すことができる．物体が直線上を一定の加速度で運動する場合，この運動を，**等加速度直線運動**あるいは**等加速度運動**という．等加速度運動で$a > 0$の場合には，加速度は図1.6(a)のように一定である．このとき，速度は一定の割合で増えるから，v-tグラフは図1.6(b)のようになり，このグラフの直線の傾きが加速度の大きさを表している．等加速度運動では，

$$a = \frac{dv}{dt} = 一定 \tag{1.12}$$

である．

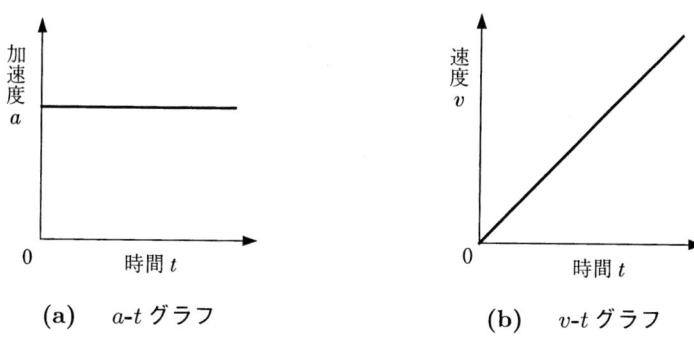

(a)　a-tグラフ　　　　(b)　v-tグラフ

図1.6　等加速度直線運動の **a-t** グラフと **v-t** グラフ

1.6 一直線上の等加速度運動の速さと距離の関係

図 1.7 のように，直線上を物体が等加速度運動するとき，t 秒間に速度が v_0 から v に変化したとすると，そのときの加速度は

$$a = \frac{v - v_0}{t} = \text{一定} \tag{1.13}$$

であり，この式を変形すると

$$v = v_0 + at \tag{1.14}$$

となる．v_0 は $t = 0$ のときの速度であり，**初速度**とよばれる．

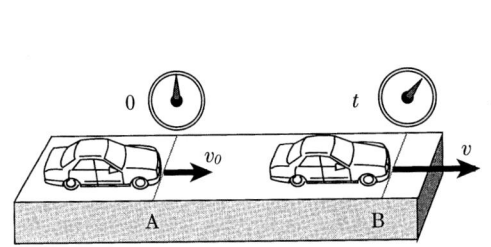

図 1.7 等加速度直線運動

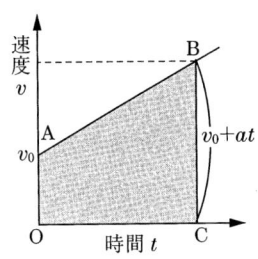

図 1.8 等加速度直線運動の v-t グラフ（$a > 0$ の場合）

t 秒間の移動距離（変位）は，図 1.8 のグラフの網かけ部分の台形の面積として

$$x = v_0 t + \frac{1}{2} a t^2 \tag{1.15}$$

と求まる．斜線部分の面積が大きいほど，移動距離も大きくなる．また，式 (1.14) と (1.15) より

$$v^2 - v_0^2 = 2ax \tag{1.16}$$

という関係式が得られ，これは覚えておくと便利な式である．

図 1.9 は等加速度運動で $a < 0$ の場合の v-t グラフである．物体は v_0 から減速して，点 B で速度が 0 になる．斜線部分の面積が，静止するまでの移動距離を表している．グラフの直線の傾きが加速度であり，v は正でも $a = \dfrac{\mathrm{d}v}{\mathrm{d}t} < 0$ であることから，加速度の向きは進行方向と逆向きである．

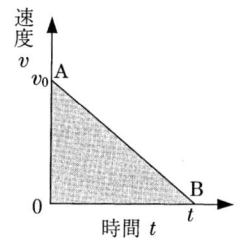

図 **1.9** 等加速度直線運動の v–t グラフ（$a < 0$ の場合）

積　分

図 1.10 に示すように，速さ v が時刻とともに変化する運動で，物体が時刻 t_0 から t までに移動した距離 $s(t)$ を求めよう．速さが変化する運動も，細かく分けてみると，それぞれの短い時間では等速運動とみなせる．したがって，時刻 t_0 から t までの時間 $(t - t_0)$ を N 等分して，短い時間 $\Delta t_1 = t_1 - t_0$，$\Delta t_2 = t_2 - t_1$，$\cdots$ の間では，速さが一定の値 $v(t_1)$, $v(t_2)$, $\cdots$ をもつとすると，それぞれの短い時間での移動距離は，速さと時間の積 $v(t_1)\Delta t_1$, $v(t_2)\Delta t_2$, $\cdots$ と表せる．したがって，

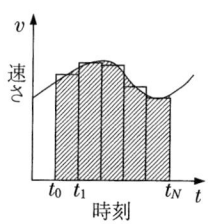

図 **1.10** 時刻 t_0 から時刻 t までの移動距離は，斜線の部分の面積である．

時刻 t_0 から t までの移動距離 $s(t)$ は，近似的に

$$s(t) \fallingdotseq v(t_1)\Delta t_1 + v(t_2)\Delta t_2 + \cdots = \sum_{i=1}^{N} v(t_i)\Delta t_i \tag{1.17}$$

となる．これは，図1.10の長方形の面積の和である．長方形の幅を狭くしていった極限 ($N \to \infty$) では，長方形の面積の和は物体の移動距離 $s(t)$ (斜線の部分の面積) に等しくなる．式 (1.17) の $N \to \infty$ の極限を

$$s(t) = \lim_{N \to \infty} \sum_{i=1}^{N} v(t_i)\Delta t_i = \int_{t_0}^{t} v(t')\mathrm{d}t' \tag{1.18}$$

と記し，関数 $v(t)$ の時刻 t_0 から時刻 t までの定積分という．積分の記号 $\int$ はインテグラルと読む．上限の時刻 t と区別するために，積分記号の中の変数 (積分変数) を t' とした．積分変数としてどのような文字を選んでもよい．

積分は微分の逆演算で，微分すると $f(t)$ になる関数を $f(t)$ の不定積分または原始関数という．$f(t)$ の原始関数を

$$\int f(t)\mathrm{d}t \tag{1.19}$$

と記し，$f(t)$ の原始関数を求めることを $f(t)$ を積分するという．

$$\frac{\mathrm{d}F(t)}{\mathrm{d}t} = f(t) \tag{1.20}$$

ならば，次の関係が成り立つ．

$$\int f(t)\mathrm{d}t = \int \frac{\mathrm{d}F(t)}{\mathrm{d}t} = F(t) + C \qquad (C \text{ は任意定数}) \tag{1.21}$$

$$\int_a^b f(t) = \int_a^b \frac{\mathrm{d}F(t)}{\mathrm{d}t} = F(b) - F(a) \equiv [F(t)]_a^b \tag{1.22}$$

また，次の関係は重要である．ある物理量 F が時間や場所によって変化するのかどうかを判断するのによく使われる．

$$\frac{\mathrm{d}F(t)}{\mathrm{d}t} = 0 \quad \text{ならば} \quad F(t) = \text{一定} \tag{1.23}$$

1.7 ベクトル

速度や加速度のように，大きさと向きをもつ量を**ベクトル**という．ベクトルは矢印で表し，矢の長さでその大きさを，矢の向きでその向きを表す．ある量がベクトルであることを記号で表す場合には，$\vec{A}$(ベクトル A と読む)のように，その量を表す文字の上に矢印をつける．ベクトル $\vec{A}$ の大きさを $|\vec{A}|$，あるいは単に A と書く．

図 1.11 で自動車の位置の変化は $\overrightarrow{AB}$, $\overrightarrow{BC}$, $\overrightarrow{AC}$ などで表される．このように，自動車の移動距離と向きを表す変位もベクトルである．ベクトルに対して，長さ，時間，速さなどのように，大きさだけをもつ量を**スカラー**という．

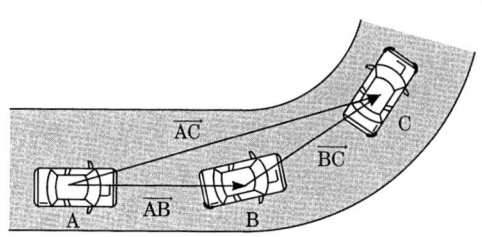

図 1.11 変位を表すベクトル

1.8 速度の合成，分解

図 1.12(a) のボートは，川の流れがなければ速度 $\vec{v_1}$ でまっすぐ進む．しかし，水の速度 $\vec{v_2}$ によって川下に流されるため，実際には速度 $\vec{v}$ で進むことになる．図から明らかなように，$\vec{v}$ は $\vec{v_1}$ と $\vec{v_2}$ を 2 辺とする平行四辺形の対角線として求められる．このような $\vec{v}$ の求め方を**平行四辺形の法則**という．

$$\vec{v_1} + \vec{v_2} = \vec{v} \tag{1.24}$$

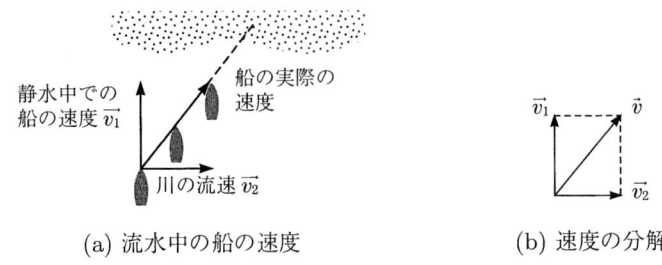

(a) 流水中の船の速度　　(b) 速度の分解

図 1.12　速度の合成と分解

このとき，$\vec{v}$ を $\vec{v_1}$ と $\vec{v_2}$ の**合成速度**といい，合成速度を求めることを**速度の合成**という．一方，図 1.12(b) ように，1 つの速度 $\vec{v}$ を 2 つの方向の速度 $\vec{v_1}$, $\vec{v_2}$ に分けて考えることもできる．これを**速度の分解**という．

1.9　ベクトルの計算と規則

上で見た速度ベクトルの合成，分解を含めて，一般に，ベクトルの定数倍，合成，分解，差は，図 1.13(a)〜(c) のように定められている．2 つのベクトルを合成すれば，合成ベクトルはたった 1 つに決まるが，1 つのベクトルを，平行四辺形の法則をみたすような任意の方向の 2 つのベクトルに分解するしかたはいく通りもある．例えば，図 1.13(d) のように，$\vec{a}$ を直交する x 軸方向，y 軸方向の 2 つのベクトル $\vec{a_x}$, $\vec{a_y}$ に分解したとき，それぞれの大きさ a_x, a_y を $\vec{a}$ の x **成分**，y **成分**という．$\vec{a}$, $\vec{b}$ を成分で表すとき，$\vec{a} = (a_x, a_y)$, $\vec{b} = (b_x, b_y)$ と書く．図 1.14 から，$\vec{a}$ と $\vec{b}$ の和を成分で表すと，

$$a_x + b_x = c_x$$
$$a_y + b_y = c_y \tag{1.25}$$

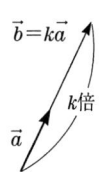 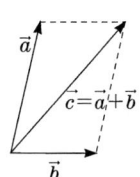 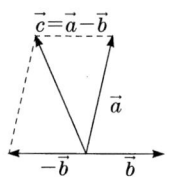 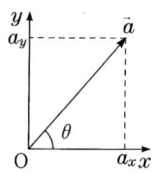

(a) ベクトルの定数倍
$\vec{b}$ は $\vec{a}$ と同じ向きで大きさが k 倍.

(b) ベクトルの合成・分解
$\vec{a}$ と $\vec{b}$ を合成すると $\vec{c}$ に, $\vec{c}$ を分解すると $\vec{a}$ と $\vec{b}$ になる.

(c) ベクトルの差
$\vec{b}$ と $-\vec{b}$ は向きが逆で大きさが等しい. $\vec{a}$ と $\vec{b}$ の差は, $\vec{a}$ と $-\vec{b}$ を合成したものである.

(d) ベクトルの成分
x 成分 $a_x = a\cos\theta$
y 成分 $a_y = a\sin\theta$

図 1.13 ベクトルの計算と規則

すなわち, 合成ベクトル $\vec{c}$ の各成分は, 2つのベクトル $\vec{a}$ と $\vec{b}$ の成分の和に等しい.

$$\vec{a} + \vec{b} = (a_x + b_x,\ a_y + b_y) = (c_x,\ c_y) = \vec{c} \tag{1.26}$$

ベクトルどうしのかけ算には, **スカラー積（内積）** と **ベクトル積（外積）** の2種類がある. そのやり方は付録 A2 にまとめてある.

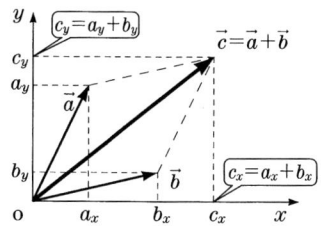

図 1.14 ベクトルの成分表示
2つのベクトルの成分の和は, 合成ベクトルの成分に等しい.

1.10 平面運動の速度，加速度

これまでは直線に沿った物体の運動を扱ってきたが，ここでは曲線に沿った運動について考えよう．いま平面上を曲線に沿って走っている自動車が，図 1.15(a) のように，点 A から点 B まで移動した場合の変位は，ベクトル $\overrightarrow{AB}$ で表される．この間の経過時間を Δt とすれば，AB 間の平均の速度はベクトル $\dfrac{\overrightarrow{AB}}{\Delta t}$ で表され，その向きはベクトル $\overrightarrow{AB}$ と同じである．ここで Δt を限りなく 0 に近づけた

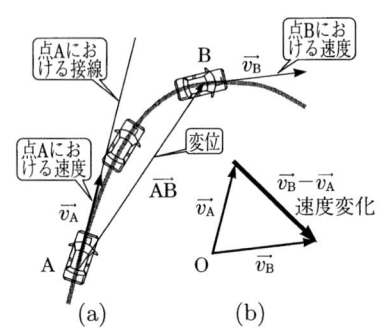

図 1.15 曲線運動の速度と加速度

ときのベクトル $\dfrac{\overrightarrow{AB}}{\Delta t}$ が，点 A におけるこの自動車の瞬間の速度である．Δt を小さくしていくと，点 B は点 A に近づくので，点 A における瞬間の速度の方向は，点 A における接線の方向と一致する．

次に，この自動車の加速度について考えてみよう．点 A，点 B における速度をそれぞれ $\vec{v_A}$, $\vec{v_B}$ とすると，時間 Δt の間の速度の変化は $\vec{v_B} - \vec{v_A}$ であるから，この間の平均の加速度は $\dfrac{\vec{v_B} - \vec{v_A}}{\Delta t}$ で表される．加速度の向きは，図 1.15(b) のベクトル $\vec{v_B} - \vec{v_A}$ と同じである．また，点 A における瞬間の加速度は，Δt を限りなく 0 に近づけたときのベクトルである．

ここで，Δt 秒間の速度ベクトルの変化を $\Delta \vec{v}$ とすれば，Δt を限りなく 0 に近づけたとき，

$$\vec{a} = \lim_{\Delta t \to 0} \frac{\Delta \vec{v}}{\Delta t} = \frac{d\vec{v}}{dt} \qquad (1.27)$$

のように，瞬間の加速度ベクトル $\vec{a}$ は，ベクトル $\vec{v}$ を時間 t で微分して得

られる．成分で表せば，

$$\vec{a} = (a_x,\ a_y) = \left(\frac{\mathrm{d}v_x}{\mathrm{d}t},\ \frac{\mathrm{d}v_y}{\mathrm{d}t}\right) \tag{1.28}$$

であり，ベクトルの微分はその成分の微分である（ベクトルの微分，積分については付録 A2 参照）．

1.11　落下運動・重力加速度と自由落下

　両手に持ったゴルフボールとピンポン玉を 1 m くらいの高さから同時にはなすと，両方とも鉛直下向きに落下し，同時に床に落ちる．この落下のしかたは，ボールの大きさや重さによらず同じである．

　図 1.16 は，物体の落下のようすを一定の時間間隔で示したものである．このとき，落下する物体の v-t グラフは，図 1.17 のようになる．落下する物体の速さ v は時間とともに一定の割合で増加し，物体の運動は，加速度が鉛直下向きの等加速度直線運動である．この加速度は，落下する物体の重さによらず一定で，**重力加速度**とよばれ，記号 g で表される．その大きさは，地球上の各地でほぼ $9.8\ \mathrm{m/s^2}$ である（表 1.1）．このように，物体が静止状態から加速度 g で落下する運動を自由落下という．

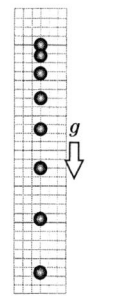

図 1.16　自由落下

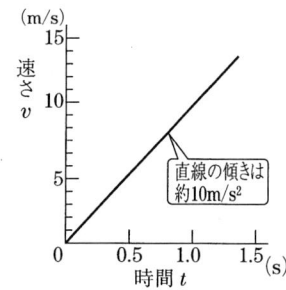

図 1.17　自由落下の v-t グラフ

　ここで，鉛直下向きを正として y 軸をとり，落下しはじめてから時間 t [s] 後の速度を v [m/s]，この間に落下した距離を y [m] とし，式 (1.14), (1.15),

(1.16) で，a を g，v_0 を 0，x を y とすれば，次の各式が得られる．

$$v = gt \tag{1.29}$$
$$y = \frac{1}{2}gt^2 \tag{1.30}$$
$$v^2 = 2gy \tag{1.31}$$

ここで，式 (1.29) を t で積分すれば，

$$y = \int_0^t gt\mathrm{d}t = \frac{1}{2}gt^2$$

のように式 (1.30) が得られ，逆に式 (1.30) を t で微分すれば，

$$\frac{\mathrm{d}y}{\mathrm{d}t} = gt = v$$

となって，式 (1.29) が得られる．

表 1.1　各地の重力加速度 g の実測値

地　名	緯度	経度	高さ	$g(\mathrm{m/s^2})$
レイキャビク (アイスランド)	64° 8.3′	21°57.1′	8 m	9.8226496
札　幌	43° 4.3′	141°20.7′	15 m	9.8047757
東　京	35°38.6′	139°41.3′	28 m	9.7976319
千　葉	35°38.0′	140° 6.5′	21 m	9.7977604
京　都	35° 1.6′	135°47.2′	59.78 m	9.7970775
鹿児島	31°33.1′	130°33.0′	5 m	9.7947118
キトー (エクアドル)	0°13.0′	78°30.0′	2815.1 m	9.7726319
昭和基地	69° 0.3′	39°35.4′	14 m	9.825256

1.12 鉛直投げおろし

図 1.18 のように，初速度 v_0 で鉛直下向きに投げおろされた物体は，しだいに速さを増して落下する．この鉛直投げおろし運動の加速度は一定であり，自由落下の加速度 g と同じである．図 1.19 はこの運動の v-t グラフである．

このような運動は，初速度 v_0，加速度 g の等加速度直線運動である．したがって，鉛直下向きに y 軸をとれば，投げおろされてから t 秒後の速度 v，この間に落下した距離 y は，式 (1.14)，(1.15) で，a を g，x を y とおき，

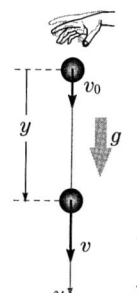

図 1.18 鉛直投げおろし

$$v = v_0 + gt \qquad (1.32)$$
$$y = v_0 t + \frac{1}{2} g t^2 \qquad (1.33)$$

と表される．式 (1.32)，(1.33) から，t を消去して，

$$v^2 - v_0^2 = 2gy \qquad (1.34)$$

が得られる．

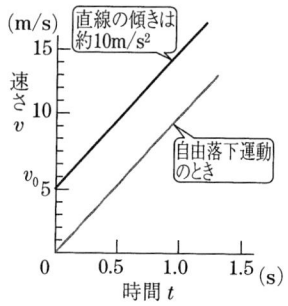

図 1.19 鉛直投げおろしの v-t グラフ

1.13 鉛直投げ上げ

図 1.20 のように，初速度 v_0 で鉛直上向きに投げ上げられた物体は，上昇するとともにしだいに速さが減少し，ある時間が経過して，最高点に達したとき，速さは 0 になる．その後，物体は，鉛直下向きに運動の向きを変え，速さを増しながら落下していく．

このような鉛直に投げ上げられた物体の運動は，初速度が v_0，加速度が鉛

直下向きに g の等加速度直線運動である．したがって，投げ上げたときに物体が手を離れる点を原点とし，鉛直上向きに y 軸をとれば，投げ上げてか

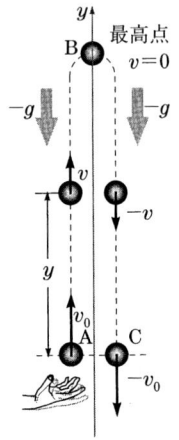

図 1.20 鉛直投げ上げ

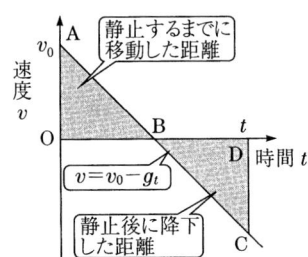

図 1.21 鉛直投げ上げの v-t グラフ

ら t 秒後の速度 v，位置 y は，式 (1.14), (1.15) で，a を $-g$，x を y とおき，

$$v = v_0 - gt \tag{1.35}$$
$$y = v_0 t - \frac{1}{2}gt^2 \tag{1.36}$$

と表される．式 (1.35), (1.36) から，t を消去して，

$$v^2 - v_0^2 = -2gy \tag{1.37}$$

が得られる．

この運動では，v-t グラフは図 1.21 のようになる．v_0 で投げ上げられた物体はしだいに減速し，最高点で速度が 0 になった後，再び降下を始めるが，そのときの速度は負である．このグラフの直線の傾きは負であり，加速度は常に鉛直下向きで大きさは g である．図 1.21 のグラフ中の △ABO の面積は，物体を投げ上げてから最高点に達するまでの上昇距離に等しく，△BCD の面積は，最高点からの降下距離に等しい．

1.14 水平投射

水平方向に投げ出された物体の運動について考えよう．

図 1.22 は，小球 A を水平に打ち出すと同時に，同じ高さから小球 B を自由落下させたときのようすを一定の時間間隔で示したものである．小球 A の運動を水平方向と鉛直方向に分けてみると，水平方向には等速度運動となっている．これは，後で説明するように，投げ出された後の小球 A には力がはたらかないためである．一方，鉛直方向には，重力がはたらいて，小球 A は，鉛直方向には小球 B と同じ自由落下をする．つまり，水平方向に投げ出された小球 A の運動は，

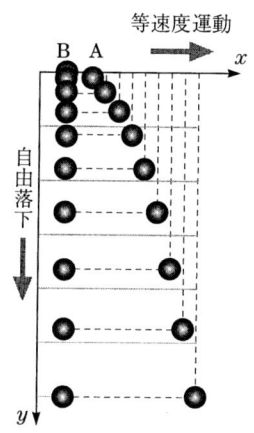

図 1.22 水平投射

等速直線運動（水平方向）＋自由落下運動（垂直方向）

のように，2 つの運動を重ね合わせたものになっている．

図 1.23 のように，小球の初速度を $\vec{v_0}$，投げ出された位置を原点とし，初速度の向きに x 軸，鉛直下向きに y 軸をとると，時刻 t での小球の速度 $\vec{v}$ の水平成分 v_x，鉛直成分 v_y は，次のようになる．

$$v_x = v_0 \ (\text{一定}) \tag{1.38}$$

$$v_y = gt \tag{1.39}$$

小球の速さ v は，

$$v = \sqrt{v_x^2 + v_y^2} = \sqrt{v_0^2 + (gt)^2} \tag{1.40}$$

から求めることができ，その向きは，その点での軌道の接線方向で，小球の進む向きである．また，時刻 t での小球の位置を P(x, y) とすると，x, y は，

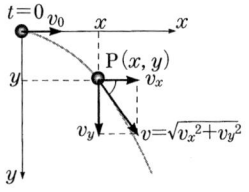

$$x = v_0 t \quad (1.41)$$
$$y = \frac{1}{2}g t^2 \quad (1.42)$$

図 1.23 水平投射

となり，式 (1.41)，(1.42) から t を消去すれば，

$$y = \frac{g}{2v_0^2} \cdot x^2 \quad (1.43)$$

が得られる．この式は，小球が放物線を描きながら落下することを示している．このような運動を**放物運動**という．

1.15 斜 方 投 射

斜め上方に投げ出された物体の運動について考えてみよう．図 1.24 は，斜め上方に打ち出された小球の運動を水平方向と鉛直方向に分解したものである．図 1.24 から，水平と角 θ をなす方向に，初速度 $\vec{v_0}$ で斜め上方に投げ出された小球の運動は，水平方向には速さ $v_0 \cos\theta$ の等速度運動，鉛直方向には初速度 $v_0 \sin\theta$ で投げ上げられたときの運動と同じである．つまり，この運動は

等速直線運動（水平方向）＋鉛直投げ上げ運動（垂直方向）

のように，2 つの運動を重ね合わせたものである．

投げ出された位置を原点とし，水平方向に x 軸，鉛直上向きに y 軸をとると，時刻 t における小球の速度 $\vec{v}$ の x 成分 v_x，y 成分 v_y は，

$$v_x = v_0 \cos\theta \quad (1.44)$$
$$v_y = v_0 \sin\theta - gt \quad (1.45)$$

となる．時刻 t における小球の速さ v は，

$$v = \sqrt{v_x^2 + v_y^2} \tag{1.46}$$

から求めることができ，その向きは，その点での軌道の接線方向で，小球の進む向きである．

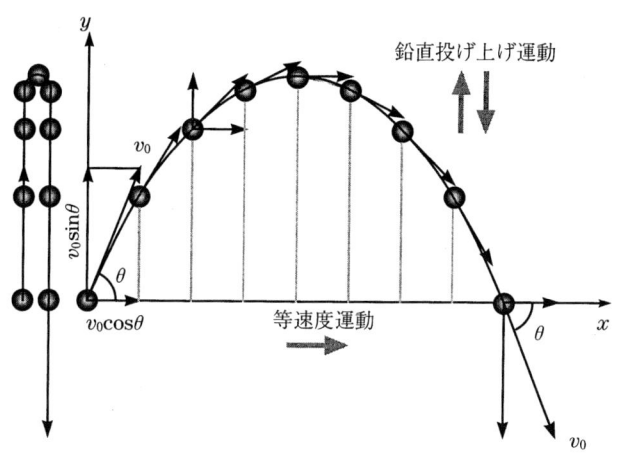

図 **1.24** 斜方投射

また，時刻 t における小球の位置を $\mathrm{P}(x, y)$ とすると，x，y はそれぞれ，

$$x = v_0 \cos\theta \cdot t \tag{1.47}$$

$$y = v_0 \sin\theta \cdot t - \frac{1}{2}gt^2 \tag{1.48}$$

となる．ここで，式 (1.47)，(1.48) から t を消去すると，小球の運動の軌道を表す式が，

$$y = \tan\theta \cdot x - \frac{g}{2v_0^2 \cos^2\theta} \cdot x^2 \tag{1.49}$$

のように求まる．これまでに見た，自由落下，鉛直投げおろし，鉛直投げ上げ，水平投射はそれぞれ斜方投射の特別な場合である．

第1章の問題

A

[平均の速さと瞬間の速さ・等速運動]
1. 100 m を 10 秒で走る陸上選手の平均の速さは何 m/s か．また何 km/h か．
2. 高速道路を等速で走る自動車が，12分間に 14 km 進んだ．このとき，自動車のスピードメーターの針は何 km/h をさしているだろう．

[直線運動の変位と速度]
3. 右の図は，直線上を一方向に運動する物体の，移動距離 s と時間 t との関係を表した s-t グラフである．この運動の速度 v と時間 t との関係を示す v-t グラフを描いてみよ．

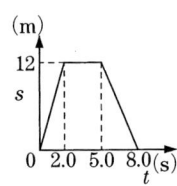

4. まっすぐな道をジョギングしている人が，はじめに速さ 5 m/s で 3 分間走り，それから速さ 4 m/s で 2 分間走る．この間に進んだ距離と平均の速さはいくらか．

[直線運動の加速度・等加速度直線運動]
5. 直線上を走っている自動車の，ある時刻における速さが 15 m/s であった．その 5 秒後に速さが 25 m/s に増加していた．この間の自動車の平均の加速度を求めよ．
6. 氷のはった湖の上を小石が速さ 8 m/s で滑って，20秒後に止まった．この間の小石の平均の加速度を求めよ．
7. 右の図は x 軸上を運動する物体の，速度 v と時間 t との関係を示す v-t グラフである．この場合の加速度 a と時間 t の関係を示す a-t グラフを描いてみよ．

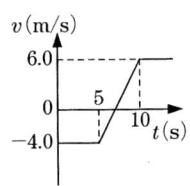

第 1 章の問題

[一直線上の等加速度運動の速さと距離の関係]

8. 図 1.8 の斜線部分の面積が $x = v_0 t + \dfrac{1}{2}at^2$ となることを確かめよ．

9. 式 (1.14), (1.15) から t を消去して式 (1.16) を導け．

10. 自転車に乗って 6 m/s で走っている人が，ペダルを踏んで一定の加速度で加速しはじめ，20 秒後に速さ 8 m/s になった．この 20 秒間に自転車の進んだ距離は何 m か．

11. 速度 20 m/s で走っている自動車が，ブレーキをかけてから 100 m 走って停止した．この間の自動車の平均の加速度は何 m/s^2 か．

[ベクトルの合成と分解]

12. 図 1.12(a) で，静水中での船の速さが 3 m/s，川の流速が 4 m/s とすると，川岸から見た船の速さは何 m/s か．

13. 問 12 で，船が川岸に向かって速さ 3 m/s でまっすぐに進むには，船の静水中での速さは何 m/s であればよいか．また，船をどのような向きにむけたらよいか．作図をして考えてみよ．

[落下運動・重力加速度と自由落下]

14. 川にかかる高い橋の上から小石を静かにはなしたところ，小石が水面に達するまでに 2 秒かかった．橋の高さと，小石が水面に達したときの速さを求めよ．

15. 高さ 10 m の塔の上からボールを静かにはなした．ボールが地上に達するまでにかかる時間と，地上に達したときのボールの速さを求めよ．

[鉛直投げ下ろし，鉛直投げ上げ]

16. 高さが 30 m の建物の屋上から，ある初速度で小石を鉛直下向きに投げ下ろすと，2 秒後に地面に達した．小石の初速度と，地面に達したときの速さを求めよ．

17. 初速度 v_0 で地面からボールを鉛直上方に投げ上げた．(a) ボールを投げ上げてから最高点に達するまでにかかる時間を求めよ．(b) 最高点の地面からの高さを求めよ．

18. 鉛直上方に向けて発射した小球が，10 m の高さにまで上がった．(a) 小球の初速を求めよ．(b) 小球が最高点に達するまでにかかった時間を求めよ．(c) 小球を発射してから 2 秒後の，小球の速度と加速度を求めよ．

[水平投射，斜方投射]
19. 地面から 20 m の高さから，水平方向に 5 m/s の初速度で小石を投げた．(a) 小石を投げてから，小石が地表に落下するまでの時間を求めよ．(b) 小石を投げた位置から，小石の落下地点までの水平距離を求めよ．
20. 図 1.24 の斜方投射の場合に，最高点の高さを求めよ．

B

1. 式 (1.14) を積分して式 (1.15) を導け．
2. 式 (1.36) で y を t で微分すると，式 (1.35) になることを確かめよ．
3. 式 (1.41)，式 (1.42) を t で微分して，v_x, v_y が式 (1.38)，式 (1.39) で与えられることを確かめよ．
4. 氷の上を滑らせた木片が 50 m 進んで止まった．木片の初速を 10 m/s とすると，木片が 32 m 進んだときの速度は何 m/s か．
5. 図は x 軸上を運動する物体の v-t グラフである．この物体の運動の加速度と時間の関係を示す a-t グラフを描いてみよ．
6. x 軸上を運動する物体の原点からの変位 x [m] が，時間 t [s] の関数として $x = 3t^2 + 4t - 2$ と表される．この物体の運動の $t = 2$ s における (a) 変位，(b) 速度，(c) 加速度，を微分を用いて求めよ．
7. 高い鉄塔の上からボール A を静かにはなした．A をはなしてから 1 秒後にボール B を初速度 15 m/s で鉛直下向きに投げ下ろした．B を投げ下ろしてから何秒後に B は A に追いつくか．また，A に追いついたときの B の速さを求めよ．
8. 図 1.24 の斜方投影の場合に，落下点の位置を求めよ．また，原点から落下点までの距離が最大になる投げ角度を求めよ．

2

力と運動の法則

2.1 力の表し方

　地面の上に静止させたサッカーボールをけってシュートしたり，油粘土をちぎって，指先で丸めて好きな形にするように，物体の運動状態を変化させたり，物体を変形させる原因となるものを**力**という．ボールをけるとき，ボールに加える力の大きさだけでなく，加える力の向きによっても，ボールのとび方は異なる．このように，力は大きさと向きをもつ量で，ベクトルで表される量である．図2.1のように，力がはたらく点を**作用点**，作用点を通り力の方向に引いた直線を**作用線**という．

　もっとも身近な力の一つとして，**重力**がある．重力は地球上にあるすべての物体にはたらいている．重力は物体の**質量**（物体をつくっている物質の量）に比例し，この力のことを「重さ」とよんでいる．質量 1 kg の物体にはたらく重力を力の大きさの単位として，**1 キログラム重**（記号 **kgw**，または **kg重**）という．この他に，後で述べるように，国際単位系として**ニュートン**（記号 N）という単位が使われる．1 kgw は約 10 N である．

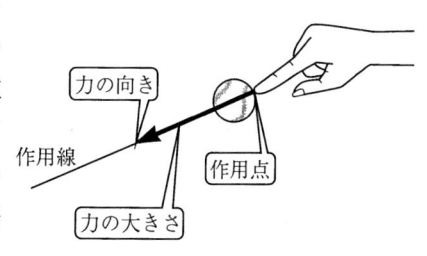

図 **2.1**　力の表し方

2.2 力の合成と分解

1つの物体の1点にいくつかの力が同時にはたらくとき，それらと同じ効果をもつ1つの力を**合力**といい，合力を求めることを**力の合成**という．合力は速度の合成の場合と同じように，平行四辺形の法則によって求めることができる (図 2.2)．

一般に，1つの物体が力 $\vec{F_1}, \vec{F_2}, \cdots, \vec{F_n}$ を同時に受けているとき，合力は $\vec{F_1}, \vec{F_2}, \cdots, \vec{F_n}$ のベクトルの和として，次のように表される．

$$\vec{F} = \vec{F_1} + \vec{F_2} + \cdots + \vec{F_n} \tag{2.1}$$

1つの力をそれと同じ効果をもつ，いくつかの力に分けることを**力の分解**といい，分けられた力を**分力**という．分力は力の分解のし方によって異なる（図 2.3）．

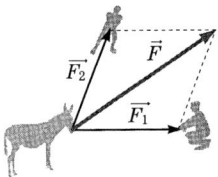

図 2.2 力の合成

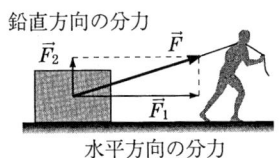

図 2.3 力の分解

図 2.4 のように，1つの力 $\vec{F}$ を含む平面内に x 軸，y 軸をとる．力 $\vec{F}$ が x 軸の正の向きとなす角を θ とすれば，$\vec{F}$ の x 成分 F_x，y 成分 F_y は，次のように表される．

$$\begin{aligned} F_x &= F\cos\theta \\ F_y &= F\sin\theta \end{aligned} \tag{2.2}$$

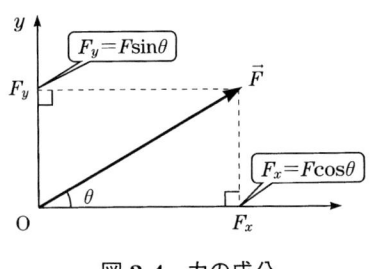

図 2.4 力の成分

ここで，$F = |\vec{F}|$ は，$\vec{F}$ の大きさを表す．

物体が受けている力 $\vec{F_1}$, $\vec{F_2}$, $\cdots$, $\vec{F_n}$ の x 成分をそれぞれ F_{1x}, F_{2x}, $\cdots$, F_{nx} とし，y 成分をそれぞれ F_{1y}, F_{2y}, $\cdots$, F_{ny} とすると，それらの和は合力 $\vec{F}$ の成分となっている (図 2.5)．

$$F_x = F_{1x} + F_{2x} + \cdots + F_{nx}$$
$$F_y = F_{1y} + F_{2y} + \cdots + F_{ny} \tag{2.3}$$

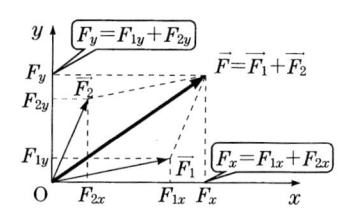

図 2.5 合力の成分表示

2.3 力のつりあい

1つの物体がいくつかの力を受けて静止し続けているとき，これらの力はつりあっているという．2つの力がつりあっている場合，2つの力の大きさは等しく，逆向きで同じ作用線上にある．図 2.6 のように，ばねにつるされたおもりが静止しているとき，おもりは鉛直下向きに重力を受け，さらに，ばねからも力を受けている．この2つの力はつりあっているので，おもりがばねから受けている力の向きは鉛直上向きで，その大きさは重力の大きさに等しい．

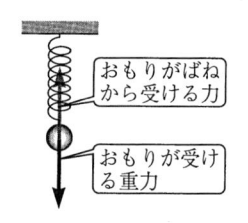

図 2.6 2 力のつりあい

力 $\vec{F_1}$, $\vec{F_2}$, $\cdots$, $\vec{F_n}$ がつりあっているとき，合力 $\vec{F}$ は 0 である．したがって，それぞれの成分について $F_x = 0$, $F_y = 0$ となるので，次の関係式が成り立つ．

$$F_{1x} + F_{2x} + \cdots + F_{nx} = 0$$
$$F_{1y} + F_{2y} + \cdots + F_{ny} = 0 \tag{2.4}$$

例えば，図 2.7 のように 3 つの力 $\vec{F_1}$, $\vec{F_2}$, $\vec{F_3}$ がつりあっているときは，$\vec{F_1} + \vec{F_2} + \vec{F_3} = 0$ であり，「3つの力の合力は 0 である」といってもよいし，$\vec{F_1} + \vec{F_2} = -\vec{F_3}$ のように変形して，「3つの力のうちの2つの力の合力と残りの1つの力がつりあっている」といってもよい．

図 2.7　3 力のつりあい

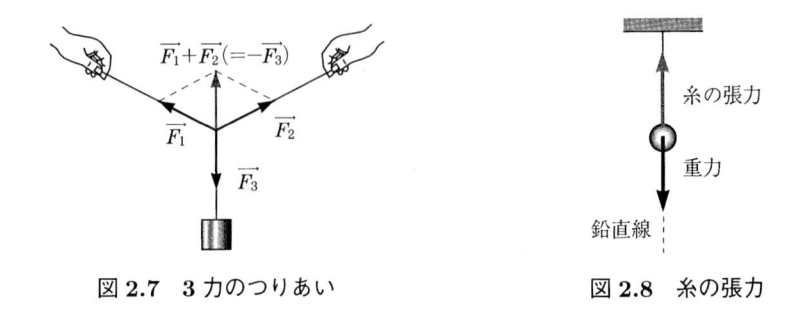

図 2.8　糸の張力

2.4　いろいろな力

ここでは，最初にあげた重力の他にも私達の身近にある，いろいろな力を考えてみよう．

糸の張力

糸でつるしたおもりが静止しているとき，おもりは地球からも糸からも力を受けている．糸が物体を引く力を糸の**張力**といい，糸の方向にはたらく．図 2.8 のように，おもりが静止しているのは，糸の張力とおもりにはたらく重力とがつりあっているからである．このとき，糸の方向は鉛直方向を示している．

ばねの弾性力

自転車のスタンドに取り付けられているつるまきばねや，ソファーやベッドのクッションなど，日常生活の中でばねは多く使用されている．それらは変形したばねがもとにもどろうとする性質を利用している．ばねがもとにもどろうとする力をばねの**弾性力**という．図 2.9 のように，ばねにつるすおもりの質量を変えていくと，ばねの自

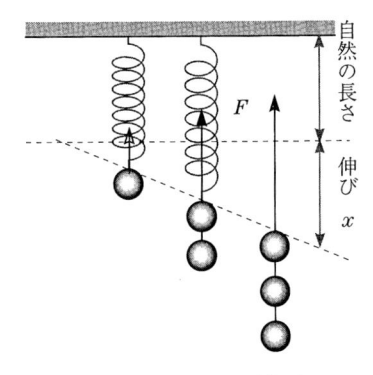

図 2.9　フックの法則

ばねの弾性力の大きさ F は伸び x に比例する

然の長さからの伸びまたは縮みがあまり大きくない範囲では，ばねの弾性力の大きさはその伸びまたは縮みに比例する．これを**フックの法則**といい，ばねが自然の長さから x [m] 伸びたり，縮んだりしたとき，ばねの弾性力の大きさ F [kgw] は，次のように表される．

$$F = kx \tag{2.5}$$

この比例定数 k [kgw/m] を**ばね定数**といい，強いばねほどその値は大きくなる．よく知られているように，ばねばかりは，式 (2.5) で表されるばねの弾性力を利用したものである．

抗　力

図 2.10 のように，面上に置かれた物体は，接触している面から力を受ける．この力を面の**抗力**という．抗力を分解したとき，面に垂直な成分を**垂直抗力**，平行な成分を**摩擦力**という．垂直抗力は，面に垂直な方向に物体を支える力であり，摩擦力は，面に平行に物体が動くのを妨げる力である．摩擦力が無視できる面をなめらかな面といい，なめらかな面上に物体があるとき，物体は面から垂直抗力だけを受けている．これに対して，摩擦力がはたらく面を粗い面という．

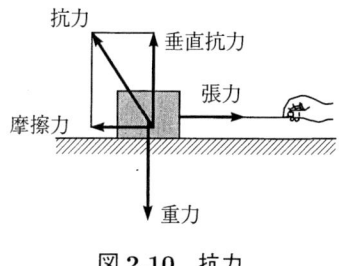

図 2.10　抗力

摩擦力

図 2.10 のように，水平な粗い面上に置かれた物体を水平方向に引く場合，引く力が小さいときには，物体は動かない．これは，引く力と反対向きの摩擦力が物体にはたらくからである．このように，物体が面に対して静止しているときにはたらく摩擦力を**静止摩擦力**という．

静止摩擦力は物体を引く力に応じて変化し，引く力が大きくなれば静止摩擦力も大きくなって物体を動かないように保つ．しかし，静止摩擦力の大きさには限界があり，水平方向に物体を引く力がある大きさをこえると，物体は動きだす．この動きだす直前の摩擦力を**最大摩擦力**という．同じ接触面で

実験してみると，最大摩擦力は垂直抗力 N に比例することがわかる．

$$f_0 = \mu N \qquad (2.6)$$

この比例定数 μ を**静止摩擦係数**という．μ の値は，接触面の種類や，状態で決まり，接触面の大小にはほとんど関係しない．

また，物体が面上を動いているときも摩擦力がはたらく．この摩擦力を**動摩擦力**または運動摩擦力という．同じ接触面で実験してみると，動摩擦力も垂直抗力 N に比例することがわかる．

$$f' = \mu' N \qquad (2.7)$$

この比例定数 μ' を**動摩擦係数**または**運動摩擦係数**という．μ' の値は，接触面の種類や状態で決まる定数であり，物体の速度や接触面の大小にはほとんど関係しない．

静止摩擦力，最大摩擦力，動摩擦力と引く力の関係を図2.11に示す．一般に表2.1のように，同じ組み合わせの面どうしの間では，$\mu' < \mu$ の関係が成り立ち，動摩擦係数は静止摩擦係数より小さい．したがって，静止している物体を動かすためには大きな力が必要であるが，いったん動きはじめると，小さな力で動かし続けることができる．

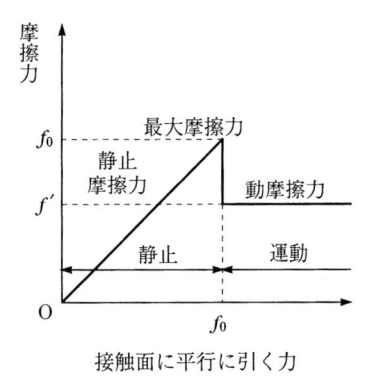

図**2.11** 静止摩擦力と動摩擦力

表 2.1　静止摩擦係数と動摩擦係数

摩擦係数	静止摩擦係数	動摩擦係数
ガラスどうし（乾燥）	0.9	0.4
ガラスどうし（塗油）	0.35	0.09
鋼鉄どうし（乾燥）	0.7	0.5
鋼鉄どうし（塗油）	0.005〜0.1	0.003〜0.1
ポリ塩化ビニルと鋼鉄	0.45	0.40
ナイロンどうし	0.47	0.40
レーヨンとナイロン	0.35	0.26
タイヤと路面	0.6〜1.1	0.3〜0.9

2.5　力のモーメント

工具を使ってねじを回す力のはたらきを考えると，力には物体を回転させるはたらきがあることがわかる．そのはたらきの大きさは，図2.12のように，力の大きさ F と回転軸 O から作用線までの距離 l との積 Fl で表される．

$$N = Fl \qquad (2.8)$$

この N を点 O のまわりの**力のモーメント**という．F が大きいほど，また l が長いほど物体を回転させるはたらきが大きいことはすぐにわかる．力のモーメントは，反時計まわりでは正の，時計まわりでは負の符号をつけ，単位は kgw·m で表される．（力の単位として，後で述べる N（ニュートン）を使えば N·m である．）

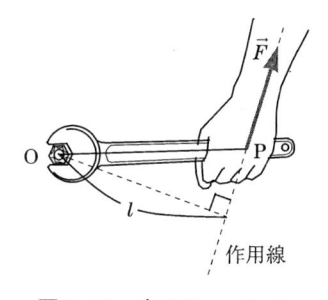

図 2.12　力のモーメント

2.6 剛体と大きさのある物体の力のつりあい

物体として，力を受けても変形せず，大きさが変わらないものを考え，これを**剛体**とよぶ．剛体のつりあいについて考えてみよう．これまでは，物体が受ける力の合力が0であれば，力はつりあっていると考えてきた．しかし，大きさのある物体では，合力が0であっても，回転がおこることがある．同じ作用線上で大きさが等しく逆向きの2つの力はつりあうが，平行で異なる作用線上ではたらく場合は，物体は回転を始める．図2.13のように，平行で異なる作用線上ではたらき，大きさの等しい逆向きの2力は物体を回転させるはたらきがあり，**偶力**とよばれる．

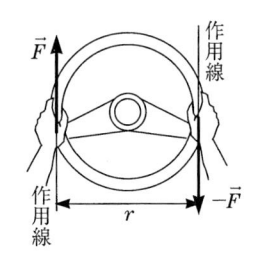

図 2.13 偶力

一般に，剛体がつりあう条件は，剛体が動かないための条件として，力 $\vec{F_1}, \vec{F_2}, \cdots, \vec{F_n}$ の合力が0であることと，回転しないための条件として，任意の軸のまわりのモーメント $N_1, N_2, \cdots, N_n$ の和が0になることが必要である (図 2.14)．これを式で表すと，次のようになる．

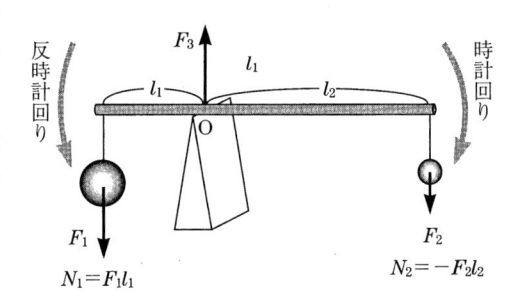

図 2.14 剛体のつりあい

$$\vec{F_1} + \vec{F_2} + \cdots + \vec{F_n} = 0 \tag{2.9}$$

$$N_1 + N_2 + \cdots + N_n = 0 \tag{2.10}$$

1つの軸について式 (2.10) が成り立てば，任意の軸についても同様の式が成り立つことがわかっている．

2.7 重　　　心

　物体の各部分にはたらく重力の合力の作用点を**重心**（**質量中心**）という．重心の位置は，図 2-15 のような方法によって知ることができる．一般に，重心に上向きに力を加えることによって，つりあった状態で剛体を支えることができる．このように，重心はその物体のすべての質量があつまっていると考えてよい点である．

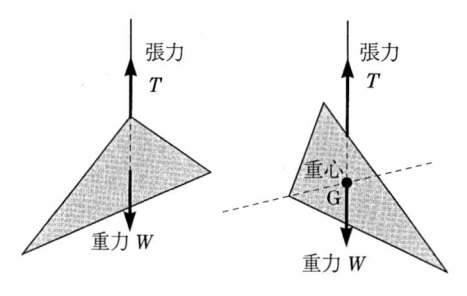

図 2.15　重心を求める簡単な方法

物体を糸でつるすと，物体の各部分にはたらく重力の合力は，糸の張力 T とつりあうから，糸の延長線上に物体の重心がある．物体を 2 か所でつるしたときの糸の延長線の交点として重心が求まる．

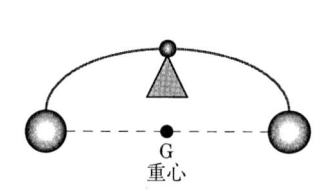

図 2.16　やじろべえの重心

　太さが一様で均質な棒を等分したとき，各部分にはたらく重力は平行で同じ大きさであるから，重心は棒の中点にあることがわかる．また，一様な円板や球の重心は，その中心にある．ただし，やじろべえのように，物体のほとんどの質量が両端のおもりに集中している場合には，重心の位置は 2 つのおもりを結ぶ線分の中点の近くにある．このように，重心は物体の外部にある場合もある（図 2.16）．

2.8 運動の3法則

ガリレイによる落下と投射に関する実験と考察によってそれまでの観念的な世界から抜け出した力学は，ニュートンによって体系づけられた．ニュートン力学は，そればかりでなく，ガリレイの望遠鏡を使った天体観測に代表される新しい考え方，つまり天上界の現象にも地上と同じ法則があてはまり私達の科学的考察の対象となる，という考えもその中に取り込むものだった．以下に述べる3つの運動の法則は，近代科学が到達した一つの頂点を示すものである．

ガリレイ（1564-1642）

運動の第1法則

机の上の本を押すと本は動く．このような日常生活の経験から，力が作用すると物体の速さが変わる，すなわち加速度を生じる，ということに気づく．しかし，押すのをやめると本はすぐに止まる．物体は力が作用している間だけ運動し，力が作用しなくなると静止するという気がする．すると，石を投げるとき，手から離れた石が飛び続けるのはどうしてだろうか．昔の人は，押しのけられた空気が後ろにまわって石を押すのだと考えた．あるいは，石が手から受け渡された「勢い（インペトス）」をもっている間は動き続け，それを使い切ったときに落ちる，と考えた人もいた．17世紀に入って，何人かの人々が，運動している物体はその運動を持続しようとする性質をもつと考えた．矢や石が飛びつづけるのは慣性のためだと考えたのである．ニュートンはこの考えを受け継いで，次の規則を提唱した．

「すべての物体は外部からの力の作用を受けなければ，その速度を保ちつづける．すなわち，静止している物体は静止の状態をつづけ，運動している物体は一直線上を一定の速度で運動しつづける．」

これが運動の第1法則である．慣性の法則ともいう．

第1法則が成り立つ基準の座標系を**慣性座標系**または**慣性系**という．地上

の物体の運動を扱うときは，地面に固定した基準の座標系を慣性系であると考えてよい．また地面に対して等速度運動をしている車や航空機は慣性系であるが，加速している車は慣性系ではない．このことについては後で学ぶ．

運動の第2法則

机の上の本を押すと本は簡単に動く．止まっていた物体が動きだすのは，加速度をもったからである．しかし，重い机を動かそうとすると，大きな力がいる．そうすると，力とそれによって生じる物体の加速度，それから重さの間には何か関連がある，ということに気づく．動いている物体を止める場合，つまりマイナスの加速度を与える

ニュートン（1642-1727）

場合も同様である．軽いボールは受け止められるが，重い自動車はとても止められない．

物体に生じる加速度が物体に加わる力や物体の質量とどのような関係にあるかを調べてみよう．図 2.17 のように質量 m [kg] の台車を一定の力 F [kgw] で引き，台車の運動を調べると，台車の v-t グラフは傾きが一定の直線になる．これは台車の運動が等加速度直線運動であることを示している．

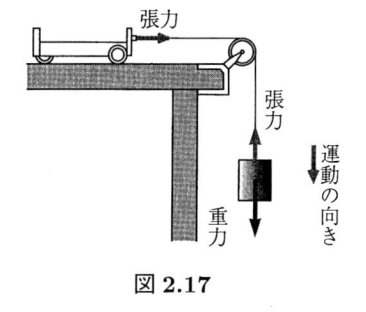

図 2.17

このとき，図 2.18(a) のように，台車の質量 m は一定のままで，おもりの質量を 2 倍，3 倍，… と変えてみる．すると，台車を引く力が 2 倍，3 倍，… になる．こうして実験を行ってみると，図 2.18(b) のようなグラフが得られる．台車に生じる加速度の大きさは，台車に加わる力の大きさに比例している．

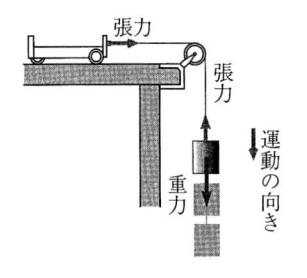

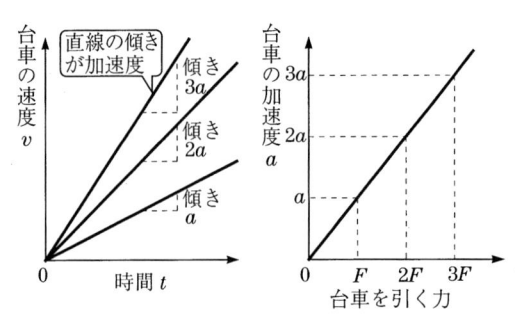

図 2.18 (a)　台車を引く力を変える

図 2.18 (b)　台車を引く力と加速度の関係

次に，図 2.19(a) のように，力 F は一定のままで，台車の質量を 2 倍，3 倍，…にした場合には，図 2.19(b) のような v-t グラフが得られる．このように，台車に生じる加速度の大きさは，台車の質量に反比例する．

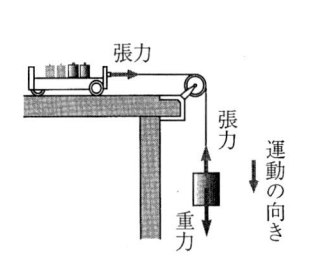

図 2.19 (a)　台車の質量を変える

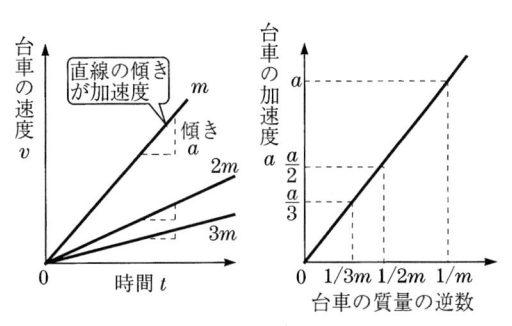

図 2.19 (b)　台車の質量と加速度の関係

また，台車が進行する向きと同じ向きに力を受けると，台車の速度は増加し，反対向きの力を受けると減少する．このことから台車にはたらく力 $\vec{F}$ の向きと台車の加速度 $\vec{a}$ の向きは，同じである．

以上のことから，加速度，力，および質量の間には，次のような関係が成り立つ．

「力を受けている物体は，その力の向きに加速度を生じる．その加速度の大きさは，力の大きさに比例し，物体の質量に反比例する．」

これを**運動の第 2 法則**という．この関係は，加速度を $\vec{a}$，質量を m，力

を $\vec{F}$ とすると，次のように表される．

$$\vec{a} = k\frac{\vec{F}}{m} \tag{2.11}$$

同じ力を加えても，質量が大きいほど運動の状態を変えにくい (生じる加速度が小さい) ので，質量は慣性の大きさを示す量でもある．また，物体が多くの力を受けて運動しているときには，$\vec{F}$ はそれらの力の合力を表す．比例定数を 1 とおいて，上の式を変形すると，

$$m\vec{a} = \vec{F} \tag{2.12}$$

となる．この式を**ニュートンの運動方程式**（あるいは単に**運動方程式**）という．

x 軸上の直線運動の場合については，微分を使って式 (2.12) を書き表すと，

$$ma = m\frac{dv}{dt} = m\frac{d^2x}{dt^2} = F \tag{2.13}$$

となる．

平面上の運動の場合には，加速度 $\vec{a}$，力 $\vec{F}$ を，図 2.20 のように，x 成分，y 成分に分解すると，運動方程式は各成分ごとに成り立ち，

$$ma_x = F_x$$
$$ma_y = F_y \tag{2.14}$$

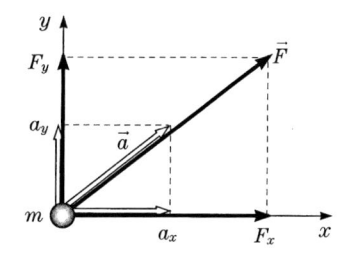

図 **2.20** 平面運動の場合の運動方程式

と表される．

ニュートンの運動方程式から，力の単位として，質量 1 kg の物体に 1 m/s² の大きさの加速度を生じさせる力の大きさ 1 kg·m/s² をとればいいことがわかる．これを 1 ニュートンという (記号 N)．

新しい力の単位 N と kgw の関係を調べてみよう．質量 1 kg の物体が落下しているとき，この物体にはたらいている力は 1 kgw の重力だけである．こ

の 1 kgw の力が質量 1 kg の物体に重力加速度 9.8 m/s² を生じさせているから，1 kgw を F [N] とすると，運動方程式から，

$$1 \times 9.8 = F$$

となり，**1 kgw は 9.8 N** に等しいことがわかる．m [kgw] は mg [N] に等しい．

$$m \text{ [kgw]} = mg \text{ [N]} \tag{2.15}$$

運動の第 3 法則

　図 2.21 のように，指で机の面を押すと，机の面から指に力がはたらいていることがわかる．このように，2 つの物体の間に力がはたらくときには，片方の物体だけに一方的にはたらくものではなく，お互いに力をおよぼしあっている．また，図 2.22 のように，同じ 2 つのばね A，B がまっすぐにな

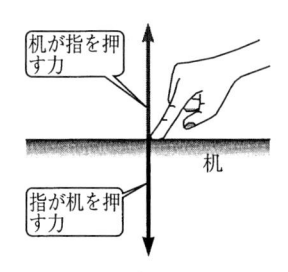

図 2.21　作用と反作用

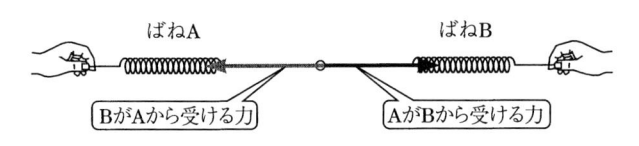

図 2.22　作用・反作用の法則

るように引っ張るとき，A のばねが伸びると同時に，B のばねも伸びている．これは，A が B から力を受けているとき，同時に B も A から力を受けていることを示している．また，A，B の伸びから，それぞれが受けている力の大きさが等しいこともわかる．

　このような 2 つの力の一方を作用というとき，他方を反作用という．

　「**2 つの物体間でおよぼしあう作用と反作用は，一直線上にあり，逆向きで，大きさが等しい．**」

　これを**作用・反作用の法則**という．この関係は，物体の運動状態によらず成り立つ．

作用と反作用は,「同じ作用線上にあり,逆向きで,大きさが等しい力である」という点では,つりあう2力と似ている.しかし,つりあう2力は,1つの物体にはたらいている力であるのに対して,作用・反作用は,それぞれ別の物体にはたらく力であり,したがって,作用と反作用はつりあうことはない.図2.23のように,それぞれの力が何から何にはたらくかを知ることによって両者の違いが明確になる.

(a) 2力のつりあい　　(b) 作用と反作用

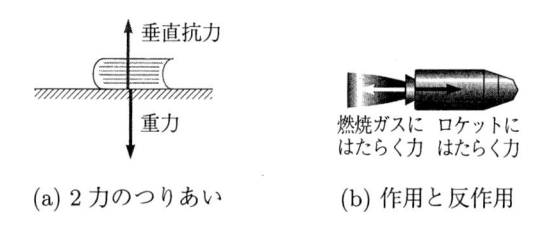

図 2.23　力のつりあいと作用・反作用

2.9　運動量と力積

キャッチボールをしていて,ボールを受けとるとき,遅いボールより速いボールを受けとったときのほうが衝撃は大きい.また,同じ速さでも,ピンポン球よりゴルフボールのほうが衝撃は大きい.このように,速度が大きいほど,また質量が大きいほど衝撃は強い.そこで,質量と速度の積は運動の激しさを表す量と考えて,これを**運動量**といい,記号 p で表す.質量 m [kg] の物体が速度 v [m/s] で動いているとき,

$$\text{運動量} = \text{質量} \times \text{速度} \qquad \vec{p} = m\vec{v} \qquad (2.16)$$

と表される.運動量の単位はキログラムメートル毎秒(記号 kg·m/s)である.v がベクトル量であるから運動量 p も v と同じ向きをもつベクトル量である.

飛んできたボールをグラブで受け止めるとき,グラブを引きながら受けると受ける力は小さい.このように物体の運動量が変化するのにかかった時間

の長さによって，力の大きさが変わる．力 $\vec{F}$ と作用時間 Δt の積を**力積**とよぶ．力積の単位はニュートン秒 (記号 N·s) である．力のくわしい性質や，その力がはたらいたときのようすなどがわからない場合には運動方程式 (2.12) は使えないが，そのような場合でも，運動量の変化がわかれば，物体に与えられた力積を知ることができる．

$$\text{力積} = \vec{F}\Delta t \qquad (2.17)$$

物体が Δt 秒間に一定の力 F を受ける場合は，図 2.24 のように，力積の大きさ $F\Delta t$ は F-t グラフの長方形の面積で表される．

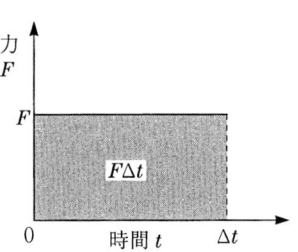

図 2.24 物体が受ける力積

物体に加わる力は上のように一定であるとは限らない．飛んできたボールをグラブで受け止めるときは，グラブの中でボールに加わる力の大きさは，図 2.25 のように変化する．この場合，Δt 秒間に一定の力が加わったものと仮定したときの力を平均の力という．平均の力の大きさは，図 2.25 の曲線の下の面積に等しい長方形の高さになる．図 2.25 の (a) と (b) ではグラフの斜線部分の面積は等しく，力積の大きさとしては同じだが，平均の力が異なる．(a) ではグラブを大きく引きながらボールを受け止めた場合に相当し，時間は長いが，平均の力は小さくなる．一方，(b) では，(a) に比べて力がはたらいている時間は短く，平均の力は大きくなる．グラブの中の手がしびれるのは (b) の場合である．

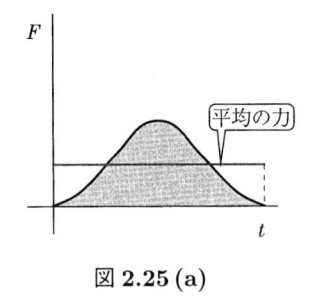

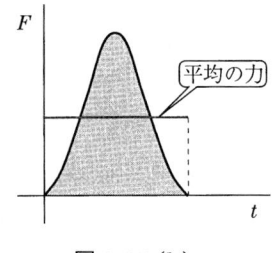

図 2.25 (a)　　　　　　**図 2.25 (b)**

2.9 運動量と力積

質量 m の物体に，短い時間 Δt の間，一定の力 F を加えたとき，物体の速度が v から $v' = v + \Delta v$ に変わったとする．加速度 a は

$$\vec{a} = \frac{\Delta \vec{v}}{\Delta t} = \frac{\vec{v'} - \vec{v}}{\Delta t} \tag{2.18}$$

なので，運動方程式 (2.12) は次のように表される．

$$m\vec{a} = m\frac{\vec{v'} - \vec{v}}{\Delta t} = \vec{F} \tag{2.19}$$

この式を変形すれば，

$$m\vec{v'} - m\vec{v} = \vec{F} \cdot \Delta t \tag{2.20}$$

この結果は，物体に力がはたらいたとき，「運動量の変化は，その間にはたらいた力積に等しい」ことを意味している（図 2.26）．

また，$\Delta \vec{p} = m\vec{v'} - m\vec{v}$ とおけば，運動方程式 (2.19) は

$$\frac{\mathrm{d}\vec{p}}{\mathrm{d}t} = \vec{F} \tag{2.21}$$

と表される．すなわち，「物体の運動量の時間変化率は，この物体に作用する力に等しい．」

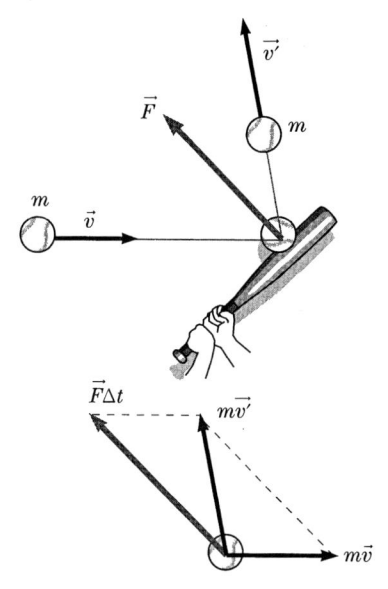

図 2.26 運動量の変化と力積

2.10 運動量の保存

物体Aと物体Bが最初から動いている場合の衝突について考えてみよう．図 2.27 のように，物体Aと物体Bの質量をそれぞれ m_A, m_B, 衝突する前の速度をそれぞれ v_A, v_B とする．物体は衝突し，時間 Δt の間に力 F を及ぼし合う．その結果，物体A，Bの速度がそれぞれ v_A', v_B' になったとする．運動量の変化と力積の関係式 (2.20) を，物体A，Bそれぞれについて表すと，

物体Aについて $\quad m_A v_A' - m_A v_A = -F\Delta t$

物体Bについて $\quad m_B v_B' - m_B v_B = F\Delta t$

となる．この2式より力積 $F\Delta t$ を消去して，整理すると

$$m_A(v_A' - v_A) = -m_B(v_B' - v_B) \tag{2.22}$$

となる．この式から，衝突による両物体の運動量の変化の大きさは同じで，運動量の変化の向きが逆であることがわかる．したがって，衝突では，質量の小さいほうの物体の速度変化が大きく，勢いよくはじかれることになる．さらに，この式を書き直せば，

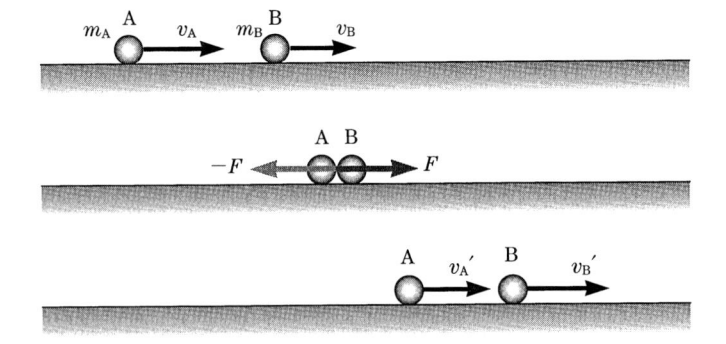

$$m_A v_A + m_B v_B = m_A v_A' + m_B v_B' \tag{2.23}$$

図 2.27 直線上の2物体の衝突

である．すなわち，「衝突前の運動量の和＝衝突後の運動量の和」となっていて，運動量の和は衝突の前後で変化しない．この関係は，衝突の場合だけではなく，物体が互いの間だけで力を及ぼし合っているとき(外から力がはたらいていないとき)にはいつも成り立ち，**運動量保存の法則**という．運動量保存の法則は，衝突の場合だけでなく，物体の分裂や爆発のときにも成り立つ．

「**いくつかの物体が，互いに力を及ぼし合うだけで，外部から力を受けなければ，これらの物体の運動量の総和は常に一定に保たれる．**」

運動量保存の法則は，直線上の衝突に限らず，図 2.28 のような平面内の斜めの衝突の場合にも成り立つ．この場合，質量 m_1, m_2 の物体が速度 $\vec{v_1}$, $\vec{v_2}$ で衝突し，衝突後の速度がそれぞれ $\vec{v_1}'$, $\vec{v_2}'$ になったとすると，運動量保存の法則は，次式のように表される．

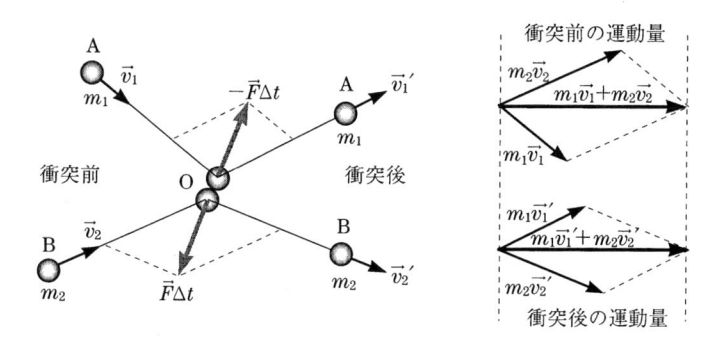

$$m_1\vec{v_1} + m_2\vec{v_2} = m_1\vec{v_1}' + m_2\vec{v_2}' \tag{2.24}$$

図 2.28　平面内の斜め衝突における運動量の保存

床に物体を落下させたとき，ピンポン玉のようによくはねかえるものもあれば，粘土のようにはねかえらないものもある．

図 2.29 のように，鉛直下向きを正とし，小球が床に衝突する直前の速度を $v(>0)$, 衝突直後の速度を $v'(<0)$ とすると，$\left|\dfrac{v'}{v}\right|$ の値は v によらず，小

球と床の材質によって決まることがわかっている．この値をはねかえり係数（反発係数）とよび，eで表す．

$$e = \left|\frac{v'}{v}\right| = -\frac{v'}{v} \quad (2.25)$$

次に，図2.30のように，2つの小球A，Bがともに同一直線上を運動しながら衝突する場合について考えてみよう．

衝突前の両球の運動の向きを速度の正の向きとし，小球A，Bの衝突前の速度をそれぞれv_1，v_2，衝突後の速度をv_1'，v_2'とす

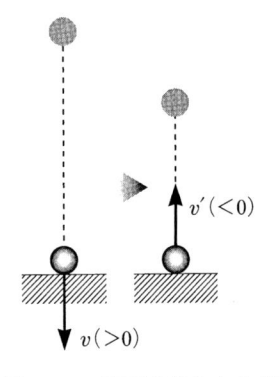

図 **2.29** 床でのはねかえり

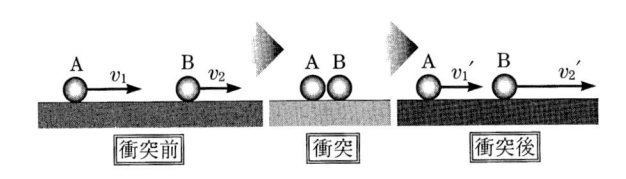

図 **2.30** 平直線上の2球の衝突

る．衝突前にAがBに近づく速さ$(v_1 - v_2)$と衝突後にAがBから遠ざかる速さ$(v_2' - v_1') = -(v_1' - v_2')$の比は，2球の材質によって決まることが実験によって確かめられている．この比が2球間のはねかえり係数eである．

$$e = -\frac{v_1' - v_2'}{v_1 - v_2} \quad (2.26)$$

床や壁に物体が衝突したときのはねかえり係数は，式(2.26)に$v_1 = v$，$v_1' = v'$，$v_2 = v_2' = 0$を代入した値で，式(2.25)と一致する[*1)]．

はねかえり係数eのとる範囲は，$0 \leq e \leq 1$である．$e=1$のときの衝突を**弾性衝突**といい，衝突の前後で2球の相対的な速度の大きさが等しい．鋼球どうしの衝突がほぼこれに近い．また，$0 \leq e < 1$の衝突を**非弾性衝突**といい，

[*1)] この場合には運動量保存の法則が成り立っていないように見えるが，これは建物や地球の運動を無視しているためである．(大沼他「基礎から学ぶ物理学」156ページ参照)

とくに $e=0$ のときを**完全非弾性衝突**という．$e=0$ の場合は，式 (2.26) から明らかなように，$v_1'=v_2'$ となるから衝突後 2 球は一体となって運動する．2 台の台車に粘着テープをはりつけて衝突させる場合が，これに相当する．

小球が平面に斜めに衝突する場合には，速度を面に平行な成分と，面に垂直な成分に分解して考える．

図 2.31 のように，なめらかな平面であれば，衝突のとき小球が受ける力は，面に垂直な方向であるから，面に垂直な速度成分は変化するが，面に平行な速度成分は変わらない．したがって，衝突前と衝突後の面に平行な速度成分を v_x, v_x'，面に垂直な速度成分を v_y, v_y' とし，小球と面との間のはねかえり係数を e とすると，

$$v_x = v_x'$$
$$e = \left|\frac{v_y'}{v_y}\right| = -\frac{v_y'}{v_y} \tag{2.27}$$

の関係が成立する．

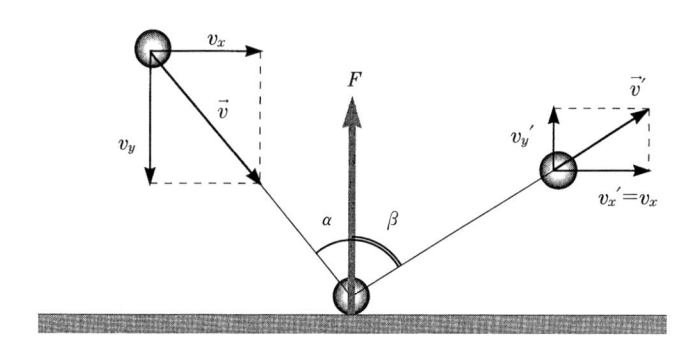

図 2.31 なめらかな平面との斜め衝突

第2章の問題

A

[重力と質量]

1. 地上での体重が 60 kgw の宇宙飛行士の体重は、月面では何 kgw になるか.

2. 地上で 50 kgw のバーベルを持ち上げることのできる人は、月面では何 kgw のバーベルを持ち上げることができるか.

3. 同じ荷物を、東京で持ったときとキトー（エクアドル）で持ったときとでは、どちらが重く感じるか.

[力のつりあい，力の合成と分解]

4. 図のように A，B ふたりで質量 6.0 kg の荷物を持ったとき，A，B それぞれが荷物に加えている力の大きさは何 kgw か.

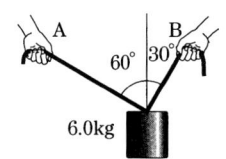

5. 図の平面上の 4 つの力の合力の x 成分，y 成分およびその大きさを求めよ．図の 1 目盛りは 1 kgw である．

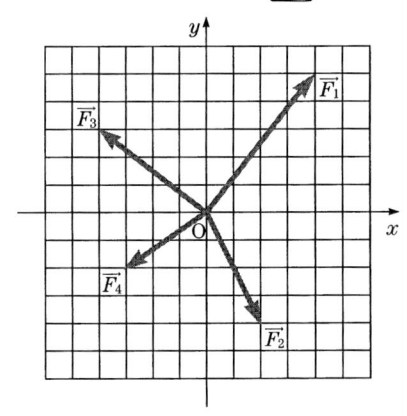

第2章の問題

[いろいろな力]

6. 図のように，天井からつるした質量 1.0 kg のおもりを，つるした糸が鉛直と 45°の角度をなすように水平に引いた．天井からおもりをつるしている糸の張力と，水平に引いた糸の張力の大きさはそれぞれ何 kgw か．

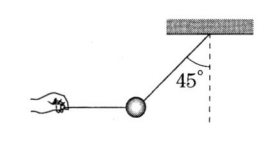

7. 自然の長さが 10 cm のばねに 15 g のおもりをつるしたところ，ばねの長さは 12 cm になった．このばねのばね定数は何 kgw/m か．

8. 上の問題のばねに 30 g のおもりをつるしたときの，ばねの長さは何 cm か．

[力のモーメント・剛体のつり合い]

9. 右図のように，スパナに 0.4 kgw の力を加えたときの，点 O のまわりの力のモーメントの大きさはいくらか．

10. 長さ 1 m の棒の両端 A, B にそれぞれ 1.0 kg と 3.0 kg のおもりをつるし，点 O に糸を付けて天井からつるしたところ，静止した．(a) 点 O にはたらく糸の張力の大きさは何 kgw か．(b) AO の長さは何 m か．

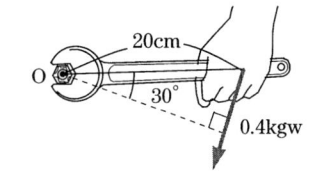

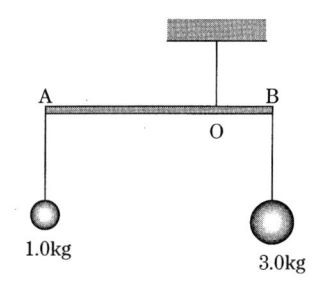

[運動の3法則・運動方程式のたて方]

11. 質量が 1.0 kg の物体に 0.5 kgw の力を加えたとき，物体に生じる加速度は何 m/s^2 か．

12. 質量が 2.0 kg の物体が，水平と 30°の角度をなす粗い斜面にそって一定の速度ですべり降りている．このときの物体と斜面の間の動摩擦力の大きさは何 N か．

13. 毎秒 2.0 m/s の割合で速さを増しながら上昇しているエレベーターの中で，体重 50 kgw の人の体重はどれだけ増加するか．

14. 質量 M のエレベーターが質量 m の人を乗せて上昇している．このとき，エレベーターを引き上げるロープの張力を T として，エレベーターの加速度を求めよ．

[運動量と力積]

15. 高いところから飛び降りるときに，ひざを曲げながら着地するのはなぜか．「運動量」，「力積」，「平均の力」などの言葉をつかって説明してみよ．
16. 東向きに等速直線運動している物体に，50 N の力を 10 秒間加え続けたところ，物体は静止した．物体が受けた力積を求めよ．
17. 問 16 で，物体の質量を 50 kg とすると，物体のはじめの速さは何 m/s か．
18. 質量 1500 kg の自動車が 10.0 m/s で壁に衝突し，2.0 m/s ではね返った．自動車のバンパーが壁に接触している時間は 0.2 秒間であった．(a) 衝突による力積を求めよ．(b) 衝突の際に自動車にはたらく平均の力を求めよ．

[運動量の保存・衝突]

19. 質量が m の貨車が速さ v_0 で，静止している質量 $2m$ の別の貨車に衝突し，連結して動いた．連結後の速さを求めよ．
20. スーパーボールを 1 m の高さから床に落としたところ，床から 80 cm の高さまで上昇した．床とスーパーボールの反発係数を求めよ．
21. 床との反発係数が 0.6 のボールを 2.0 m の高さから自由落下させた．床に衝突した後にボールは何 m の高さまで上がるか．
22. 問 21 で，(a) ボールが床に衝突した直後の速さを求めよ．(b) ボールの質量を 0.5 kg，ボールが床に衝突するときに，ボールが床と接触している時間を 0.01 秒とすると，その間にボールが床から受けた平均の力の大きさを求めよ．
23. 図のように，2 つの小球 A，B が一直線上で衝突した．2 球の反発係数を 0.60 として，衝突後の A，B の速度を求めよ．

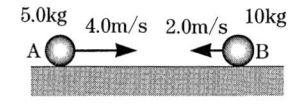

第2章の問題

B

1. 自然の長さが 0.30 m のばね A と 0.40 m のばね B を糸でつないで，図のように両側から引っ張って静止させた．このとき，A, B の長さはともに 0.50 m であった．ばね A のばね定数を 2.5 kgw/m とすると，ばね B のばね定数は何 kgw/m か．

2. 図のように，質量 2.0 kg の物体 A と 3.0 kg の物体 B を軽い糸でつなぎ，なめらかな水平面上におく．B に水平右向きに 20 N の力を加え続けたとき，物体の加速度と糸の張力はそれぞれいくらか．

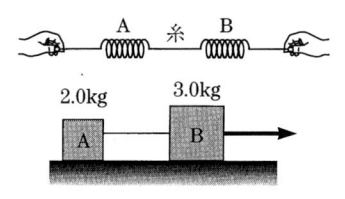

3. 1 本の糸でつながれた 2 つの物体 A と B が滑車を通してつるされている．A, B の質量をそれぞれ m_A, m_B ($>m_A$) とする．(a) 2 つの物体の加速度，(b) 糸の張力，を求めよ．

4. 図 2.31 において，$\alpha=30°$ である．(a) 反発係数 $e=0$ の場合，β は何度になるか．(b) $e=1$ の場合，β は何度になるか．(c) $\beta=60°$ のとき，e はいくらか．

5. 質量 0.10 kg のボールを 30 m/s の速さで壁に垂直にぶつけたところ，ボールは壁から図のような力を受けた．(a) ボールが壁から受けた力積の大きさを求めよ．(b) ボールが壁から受ける平均の力を求めよ．(c) はね返った直後のボールの速さを求めよ．(d) ボールと壁との反発係数を求めよ．

6. 質量 m の小球 A が，なめらかな水平面上を速さ v_0 で進み，静止している同じ質量の小球 B に弾性衝突した．衝突後，A は進行方向に対して 30° の方向に進み，B は 60° の方向に進んだ．衝突後の A, B の速さを求めよ．

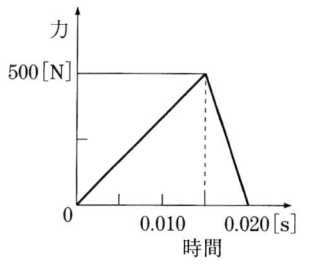

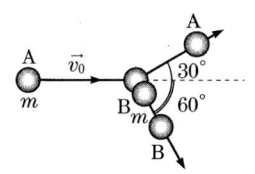

3

運動とエネルギー

3.1 仕事と仕事率

　仕事という言葉は，日常生活の中でいろいろな意味に使われる．しかし，物理では，「**仕事**」という言葉を次のようにはっきりと定義して使う．図3.1(a)のように，物体に一定の力 F を加え続けて，物体が力の向きに距離 s だけ移動したとき，力 F がした仕事 W を，

$$\text{「仕事 } W\text{」} = \text{「力の大きさ } F\text{」} \times \text{「移動距離 } s\text{」} \tag{3.1}$$

のように決める．図 3.1(b) は力 F と移動距離 s との関係を表す F-s グラフである．仕事の大きさはグラフの斜線部の面積に等しい．仕事の単位は定義から 1 N·m であるが，これを 1 ジュール（記号 J）と書く．

$$1\,\text{J} = 1\,\text{N}\cdot\text{m} = 1\,\text{kg}\cdot\text{m}^2/\text{s}^2 \tag{3.2}$$

図 **3.1 (a)**　力と移動距離

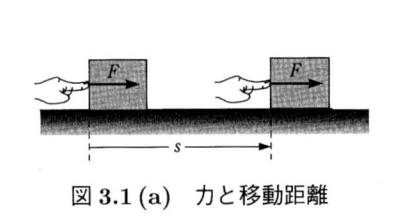

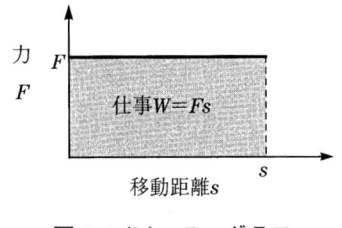

図 **3.1 (b)**　F-s グラフ

次に，図3.2のように，物体に加えている力Fの向きと物体の移動する向きが一致していない場合について考えよう．水平方向にx軸，鉛直方向にy軸をとると，物体の移動方向に加わる力は，Fの水平方向成分$F_x = F\cos\theta$であるから，Fがした仕事Wは

$$W = F\cos\theta \times s = Fs\cos\theta \tag{3.3}$$

と表される．

力を$\vec{F}$，変位ベクトルを$\vec{s}$とすれば，式 (3.3) はベクトルのスカラー積を用いて，

$$W = \vec{F} \cdot \vec{s} = |\vec{F}||\vec{s}|\cos\theta = Fs\cos\theta \tag{3.4}$$

と書くこともできる．ベクトルのスカラー積については，付録A2に示した．

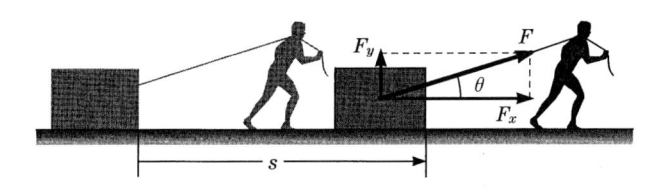

図 3.2　力の向きと物体の移動の方向が異なる場合

式 (3.3) で，$\theta = 0°$ のときは式 (3.1) になる．$0° \leq \theta < 90°$ ならば，$W > 0$ となり，力のした仕事は正である．$\theta = 90°$ のときは，図 3.3(a) の垂直抗力のように，$W = 0$ となり，力のした仕事は0である．例えば，重い荷物をさげて水平に移動しても，力学的な仕事としては0である．$90° < \theta \leq 180°$ ならば，$W < 0$ となり，力のした仕事は負になる．例えば，図 3.3(b) の動摩擦力 f' は，移動する向きと逆向きなので，摩擦力のした仕事は負である．

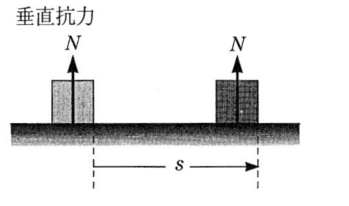

図 3.3 (a)　垂直抗力と仕事　　　図 3.3 (b)　動摩擦力と仕事

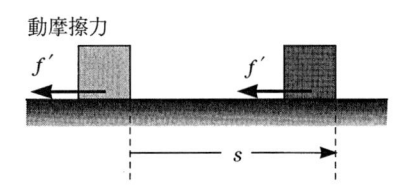

一般に，物体がいくつかの力を受けて移動する場合には，それぞれの力がする仕事の和は，それらの力の合力がする仕事に等しい．

同じ仕事を10分間で行うときと1時間かけて行うときの違いは，どのように表されるだろうか．その違いは，例えば1分間あたりの仕事量，つまり仕事の能率を比べることで明らかになる．仕事の能率は，単位時間あたりにする仕事で表し，これを**仕事率**という．時間 Δt の間に ΔW の仕事をしたときの仕事率 P は次式で表される．

$$P = \frac{\Delta W}{\Delta t} \tag{3.5}$$

仕事率の単位は上の式から 1 J/s であるが，これを 1 ワット（記号 W）とよぶ．

3.2 仕事と運動エネルギー

物体は力を受ければその速度が変わる．図3.4のように，なめらかな水平面上を速度 v_0 で運動していた質量 m の物体が，その運動方向に一定の力 F を受けながら，距離 s だけ移動して，その速度が v になったとする．この間の加速度を a とすると，a は一定であり，式 (1.16) より

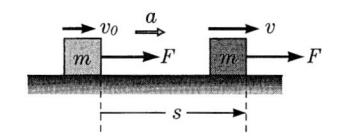

図 3.4 物体にはたらく力と速度の変化

$$v^2 - v_0^2 = 2as \tag{3.6}$$

また，式 (2.13) より

$$ma = F \tag{3.7}$$

したがって，式 (3.6), (3.7) から，次の式が得られる．

$$\frac{1}{2}mv^2 - \frac{1}{2}mv_0^2 = Fs \tag{3.8}$$

さらに，物体がされた仕事 Fs を W とすれば，

$$\frac{1}{2}mv^2 - \frac{1}{2}mv_0^2 = W \tag{3.9}$$

となる．この式の左辺に現れる量

$$\frac{1}{2} \times [質量] \times [速度]^2$$

は，仕事 W と同じ次元をもつ量であり，運動している物体がもつ仕事をする能力，すなわちエネルギーと考えることができる．そこで，この量を物体の**運動エネルギー**とよぶ．一般に，運動エネルギーをはじめ，熱エネルギー，電気エネルギー，化学的エネルギー，光や音のエネルギーなど，エネルギーの単位には，仕事と同じジュール（記号 J）を用いる．質量 m [kg] の物体が速さ v [m/s] で運動しているとき，この物体のエネルギー K [J] は

$$K = \frac{1}{2}mv^2 \tag{3.10}$$

である．

　式 (3.9) は，物体の運動エネルギーの変化が，その間に物体になされた仕事に等しいことを示している．この関係は，力が一定でなくても，直線運動でなくても成り立つ．また，物体にされた仕事が正の場合には運動エネルギーは増加し，負の場合には減少することがわかる．

3.3　重力による位置エネルギー

　水力発電では，高いところから落下させた水の勢いを利用して，発電機のタービンを回している．水は重力を受けて，高い所から低い所へ移動することで仕事をしたのだから，もともと高い所にあった水はそれだけの仕事をする能力をもっていたと考えるのが自然である．そこで，重力のはたらくところでは，高いところにある物体はエネルギーをもっていると考え，これを**重力による位置エネルギー**とよぶ．重力による位置エネルギーは，物体がその位置から高さの基準となる水平面(基準面)に移動するまでに重力がする仕事に等しい．

図 3.5 のように,基準面からの高さが h の位置から,質量 m の物体が自由落下したとする.物体にはたらく力 mg は一定で,移動距離は h であるから,このとき,重力が物体にした仕事 W は,

$$W = mgh \qquad (3.11)$$

図 3.5 重力による位置エネルギー

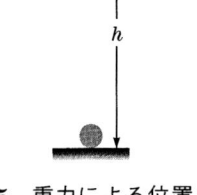

である.これは,重力に等しい大きさの力で物体を基準面から高さ h だけゆっくりと引き上げるときの仕事の大きさに等しい.そこで,一般に基準面から高さ h にある質量 m の物体がもつ重力による位置エネルギー U を,

$$U = mgh \qquad (3.12)$$

と表す.ただし,基準面はどこにとってもよい.物体が基準面よりも上にあるときは正の位置エネルギーをもち,下にあるときは負の位置エネルギーをもつ.

3.4 落下運動と力学的エネルギー

自由落下する物体の速さは,高さが低くなるほどしだいに速くなる.図 3.6 は,質量 m の物体が高さ h_A の点 A から,高さ h_B の点 B まで落下するようすを示したものである.物体は,AB 間では重力だけから仕事をされ,その結果,速さは v_A から v_B に増加している.重力がする仕事 W は,A,B における重力による位置エネルギーの差に等しく,

$$W = mgh_A - mgh_B \qquad (3.13)$$

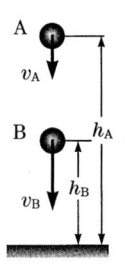

図 3.6 自由落下と力学的エネルギー

であり，式 (3.9) で，$v_0 = v_A$，$v = v_B$ とおけば，上式より，

$$\frac{1}{2}mv_B{}^2 - \frac{1}{2}mv_A{}^2 = mgh_A - mgh_B \tag{3.14}$$

となる．さらにこの式を変形して，次の式が得られる．

$$\frac{1}{2}mv_A{}^2 + mgh_A = \frac{1}{2}mv_B{}^2 + mgh_B \tag{3.15}$$

式 (3.15) の左辺は点 A における物体の運動エネルギーと位置エネルギーの和であり，右辺は点 B における物体の運動エネルギーと位置エネルギーの和である．このような，物体の運動エネルギーと位置エネルギーの和を**力学的エネルギー**という．このことは，物体が重力だけから仕事をされて運動している場合には，物体の力学的エネルギーが一定に保たれることを意味している．

3.5 弾性力による位置エネルギー

ばねを引き伸したり，押し縮めるには仕事が必要である．逆に，巻かれたゼンマイはおもちゃの車を走らせる仕事をし，しなった棒高跳びのポールは人間の体を空中高く押し上げる仕事をする．このように，変形した物体には，元の形に戻るまでに他の物体に仕事をする能力がある．

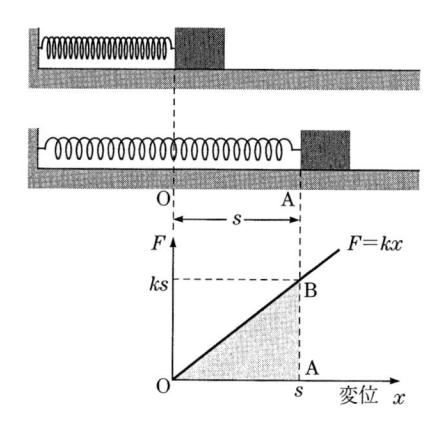

図 3.7 弾性力の F-x グラフ

図 3.7 のように,ばね定数 k の軽いつるまきばねを,一端を壁に固定して引き伸ばし,その他端に物体をつけ,なめらかな水平面上に置く.物体は,ばねの伸び x に比例した大きさの弾性力 kx をばねから受けて仕事をされ,しだいに運動エネルギーが増加していく.ばねが自然の長さにもどったときの物体の位置を原点にとれば,物体が位置 x から原点 O まで移動する間に弾性力がする仕事 W は,図 3.7 の F-x グラフの △OAB の面積に等しく,$\frac{1}{2}kx^2$ である.W を積分を使って表せば,

$$W = \int_0^x kx\,\mathrm{d}x = \frac{1}{2}kx^2 \tag{3.16}$$

である.

物体が弾性力を受けながら,ある位置から基準の位置まで移動する間に弾性力がする仕事の量を,物体が初めの位置にあるときの**弾性力による位置エネルギー**,または**弾性エネルギー**という.したがって,ばね定数 k [N/m] のばねが自然の長さにあるときを基準にとれば,そこからの伸び,または縮みを x [m] とすると,物体の弾性力による位置エネルギー U [J] は,

$$U = \frac{1}{2}kx^2 \tag{3.17}$$

である.このとき,ばねに $\frac{1}{2}kx^2$ のエネルギーがたくわえられていると考えることもできる.

3.6 ばねの振動と力学的エネルギー

なめらかな水平面上で,ばね定数 k の軽いばねの一端を固定し,他端に質量 m のおもりをつける.ばねを引き伸ばした状態からおもりを静かにはなすと,ばねが自然の長さになったときのおもりの位置 O を中心として,おもりは往復運動を行う.ばねの伸びが x_A,x_B になったときのおもりの速さを,それぞれ v_A,v_B とすると,弾性力のする仕事 W は,x_A,x_B における弾性力による位置エネルギーの差に等しいので,

$$\frac{1}{2}mv_B{}^2 - \frac{1}{2}mv_A{}^2 = \frac{1}{2}kx_A{}^2 - \frac{1}{2}kx_B{}^2 \tag{3.18}$$

となる．したがって，この式を整理して，

$$\frac{1}{2}mv_\mathrm{A}^2 + \frac{1}{2}kx_\mathrm{A}^2 = \frac{1}{2}mv_\mathrm{B}^2 + \frac{1}{2}kx_\mathrm{B}^2 \tag{3.19}$$

この式の左辺は点 A における物体の運動エネルギーと弾性力による位置エネルギーの和，右辺は点 B におけるそれらの和である．したがって，この式は，物体が弾性力だけから仕事をされて運動している場合，ばねにつけられた物体の力学的エネルギーが一定に保たれることを示している．

式 (3.15), (3.19) からわかるように，物体が重力や弾性力のように，位置によって決まる力だけから仕事をされて運動する場合には，物体の運動エネルギーと重力や弾性力による位置エネルギーの和は一定に保たれる．これを**力学的エネルギー保存の法則**という．力学的エネルギー保存の法則は，物体の運動エネルギーを K，位置エネルギーを U とすれば，次のように表される．

$$K + U = 一定 \tag{3.20}$$

3.7 保存力と位置エネルギー

山の頂上にいる人がふもとまで降りるとき，重力がする仕事は，この人がどのような経路を通るかには関係なく，山の高さだけで決まる．

図 3.8 は，高さの差が h の 2 点間を，質量 m の物体が移動するときの重力がする仕事を求めたものである．図 3.8(a) では，物体を斜面に沿って移動させるときに重力がする仕事 $W_{\mathrm{A} \to \mathrm{B}}$ は

$$\begin{aligned} W_{\mathrm{A} \to \mathrm{B}} &= (斜面に沿った重力の成分) \times (移動距離 \overline{\mathrm{AB}}) \\ &= mg \sin\theta \times \frac{h}{\sin\theta} = mgh \end{aligned}$$

ここで，A→B に沿って移動するかわりに，A→C→B のように経路を選んだ場合の仕事を考えてみよう．A→C では，$W_{\mathrm{A} \to \mathrm{C}} = mgh$ であり，C→B では物体にはたらく重力の向きが移動の方向に垂直であるから，$W_{\mathrm{C} \to \mathrm{B}} = 0$ である．つまり

$$W_{\mathrm{A} \to \mathrm{C} \to \mathrm{B}} = W_{\mathrm{A} \to \mathrm{C}} + W_{\mathrm{C} \to \mathrm{B}} = mgh + 0 = W_{\mathrm{A} \to \mathrm{B}}$$

となり，重力のする仕事はどちらも同じになり，2 点 A，B 間の高低差 h だけで決まることがわかる．一方，図 3.8(b) は物体が A，B 間をさらに複雑な経路に沿って移動する場合を示している．経路を細かく区切って，一つの区間を水平方向と鉛直方向の移動の組み合わせに置き換えてみると，物体がどのような経路を移動しても，重力がする仕事は mgh になることがわかる．このように，重力がする仕事は，2 点 A，B の位置だけで決まり，移動する経路によらない．

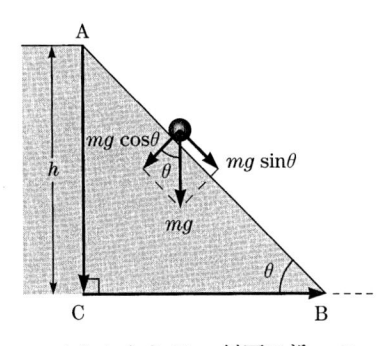

(a) A から B へ斜面に沿って移動する場合

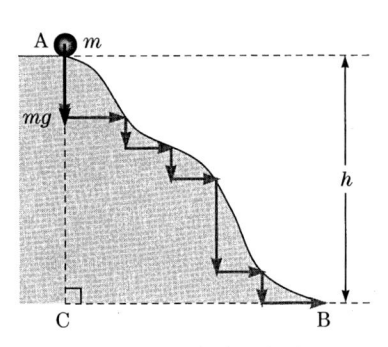

(b) A から B へ任意の経路に沿って移動する場合

図 3.8　重力が物体にする仕事

　一般に，物体が力を受けながら 2 点間を移動するときに，その力がする仕事が 2 点の位置だけで決まる場合，この力を**保存力**という．重力，弾性力および後に学ぶ静電気力などは保存力であり，摩擦力などは，物体の移動経路によって仕事が異なるので，保存力ではない．

　保存力を受けながら物体がある位置から基準の位置まで移動するときに保存力がする仕事の量を，物体がその位置にあるときの**位置エネルギー**という．

　物体が点 A から点 B まで移動する間に保存力がする仕事を $W_{A \to B}$ とし，物体が点 A，B にあるときの位置エネルギーをそれぞれ U_A，U_B とすれば，

$$W_{A \to B} = U_A - U_B \tag{3.21}$$

となる．この式は，保存力のする仕事が初めの位置エネルギーから後の位

エネルギーを引いた値に等しいことを示している.

3.8 摩擦による力学的エネルギーの損失

物体が重力や弾性力以外の力,すなわち,人が押す力や摩擦力から仕事をされるような場合には,力学的エネルギー保存の法則は成立しない.物体の力学的エネルギーは,その力からされた仕事だけ変化する.仕事が正であれば力学的エネルギーは増加し,負であれば減少する.図 3.9 のように,粗い水平面上を運動する物体は,動摩擦力から負の仕事をされ,運動エネルギーは減少する.

$$\frac{1}{2}mv^2 - m\frac{1}{2}v_0^2 = -f's$$

すなわち,

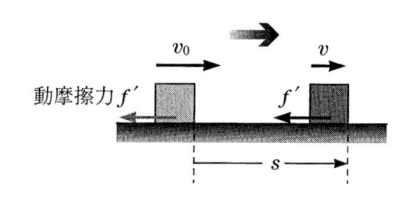

図 3.9 動摩擦力による力学的エネルギーの損失

$$\frac{1}{2}mv^2 - m\frac{1}{2}v_0^2 < 0$$

である.したがって,氷上をすべる小石などでは,動摩擦力や空気抵抗から負の仕事をされるので,その力学的エネルギーは減少し,力学的エネルギー保存の法則は成り立たない.

3.9 はねかえり係数とエネルギーの損失

ボールを適当な高さから床に落としても,同じ高さまではもどらない.図 3.10 のように,ボールが床に垂直に衝突してはねかえる場合を考えよう.衝突直前のボールの速さを v_0,ボールと床の間のはねかえり係数を e とすると,ボールは衝突後,速さ ev_0 ではねかえる.このとき,力学的エネルギーの一部が失われる.

一般に，2物体が衝突する場合，$e=1$（弾性衝突）のときだけ力学的エネルギーの損失はない．$0 \leq e < 1$（非弾性衝突）では e が小さいほど失われる力学的エネルギーは大きくなる．$e = 0$（完全非弾性衝突）のとき，2物体は衝突後一体になり，失われる力学的エネルギーは最大になる．衝突で失われる力学的エネルギーを ΔK とすると，一般に，

$$\Delta K = \frac{1}{2}mv_0^2 - \frac{1}{2}m(ev_0)^2 = \frac{1}{2}mv_0^2(1-e^2)$$

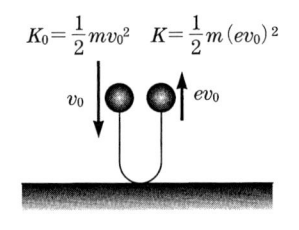

図 3.10 衝突による力学的エネルギーの損失

となり，e が小さいほど，力学的エネルギーの損失が大きくなることがわかる．

$e = 1$	（完全）弾性衝突（運動エネルギーの和は不変）
$0 < e < 1$	非弾性衝突（運動エネルギーの和は減少）
$e = 0$	完全非弾性衝突（運動エネルギーの和は減少）

3.10 等速円運動

遊園地のメリーゴーラウンドの木馬や観覧車のゴンドラなどは，一定の速さで回転している．このように，円周上を一定の速さで動く物体の運動を**等速円運動**という（図 3.11）．

等速円運動では，円の中心 O のまわりの回転角 θ は，一定の割合で増加する．そこで，円運動の速さを 1 s あたりの中心角の増加量で表し，これを**角速度**という．角速度の単位には，**ラジアン毎秒** [rad/s] が用いられる（付録 A4 参照）．

物体が角速度 ω [rad/s] で，t [s] 間等

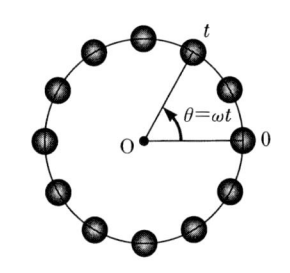

図 3.11 等速円運動をする物体

速円運動をしたときの回転角を θ [rad] とすると，これらの間には，次の関係が成り立つ．

$$\omega = \frac{\theta}{t}, \qquad \theta = \omega t \tag{3.22}$$

物体が 1 回転する，つまり $\theta = 2\pi$ だけ進むのに要する時間を**周期**という．角速度 ω [rad/s] と周期 T [s] の間には，次の関係がある．

$$\omega = \frac{2\pi}{T} \tag{3.23}$$

また，1 秒間あたりの回転数を n [s^{-1}] とすると，$n = \frac{1}{T}$ であるから，式 (3.23) は，次のように表される．

$$\omega = 2\pi n, \qquad n = \frac{1}{T} = \frac{\omega}{2\pi} \tag{3.24}$$

図 3.12 から，点 P での物体の速度 $\vec{v}$ の向きは，その点での円軌道の接線の向きであり，速度は時間とともに常に変化している．短い時間 Δt に対して，速度の大きさ v は，

$$v = \frac{\overline{PQ}}{\Delta t}$$

と表せるが，ここで Δt が十分に小さければ，$|\overline{PQ}| = \overset{\frown}{PQ}$ とみなせるので，

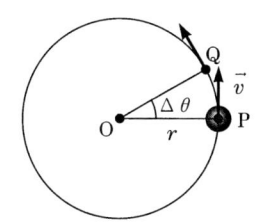

図 3.12 等速円運動における速度

$$v = \frac{r\Delta\theta}{\Delta t} = r\omega$$

したがって，半径 r [m] の円軌道上を，一定の角速度 ω [rad/s] で等速円運動している物体の速さ v [m/s] は，次の式で表される．

$$v = r\omega \tag{3.25}$$

3.11 等速円運動の加速度

等速円運動は,速さは一定であるが,進行方向すなわち速度の向きがたえず変わっているので,加速度運動である.この加速度を求めてみよう.図 3.13(a) のように,短い時間 Δt の間に物体が角 $\Delta \theta$ だけ進んだとき,図 3.13(b) に示すように,$\vec{v_P}$ と $\vec{v_Q}$ を点 O′ に平行移動してみると,速度変化は $\Delta \vec{v} = \vec{v_Q} - \vec{v_P}$ と表せることがわかる $v_P = v_Q = v$ であるから,図 3.13(c) に示すように,$\Delta \theta$ が十分小さければ,速度変化 $\Delta \vec{v}$ の大きさは $v\Delta \theta$ に等しい.また,その向きは,$\Delta \theta$ が小さいので,その点の物体の速度 $\vec{v}$ に垂直になる.したがって,等速円運動をしている物体の加速度 $\vec{a}$ は,円の中心向きである.その大きさは $a = \dfrac{v\Delta \theta}{\Delta t} = v\omega$ で,式 (3.25) より,次のように表される.

$$a = r\omega^2 = \frac{v^2}{r} \tag{3.26}$$

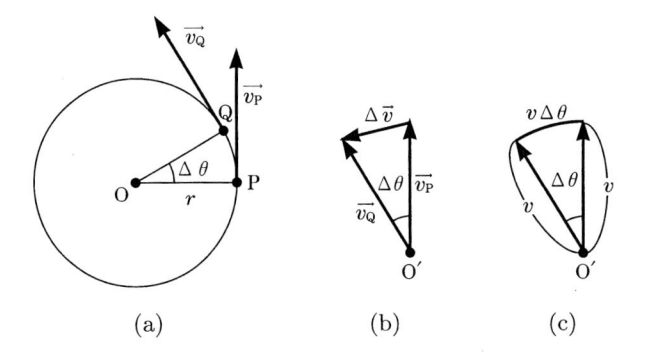

図 3.13 等速円運動における加速度

図 3.14 のように,ひもの先におもりをつけ,おもりを水平面内で等速円運動させる.回転しているおもりが点 P まできたときに手をはなすと,おもりは慣性によって点 P での接線方向 PP′ の向きにとんでいく.そこで,おもりが弧 $\overparen{PQ}$ を描いて等速円運動を続けるためには,たえず中心に向かう力を加え続けなければならない.このように,等速円運動している物体が受け

ている中心に向かう力を**向心力**という．向心力によって，等速円運動の加速度が生じている．半径 r [m]，速さ v [m/s]，質量 m [kg] のおもりが受けている向心力の大きさ F [N] は，運動方程式と式 (3.26) から，次の式で表される．

$$F = ma = mr\omega^2 = m\frac{v^2}{r} \qquad (3.27)$$

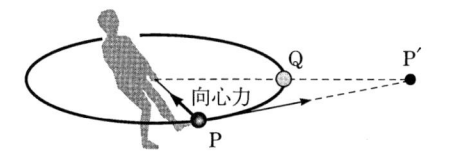

図 3.14 向心力

3.12 慣　性　力

　止まっている電車が急に動き出すとき，乗っている人は後ろの方へ倒れそうになる．また，電車が急に止まるとき，人は前方へ倒れそうになる．このように，加速あるいは減速する乗り物の中の物体には，乗り物が静止しているときとは別の力がはたらいているようにみえる．この場合の力は，物体に対して実際にはたらく力ではなく，観測者が加速度運動していることが原因となって現れるみかけの力であると考えればよい．加速度 $\vec{a}$ で加速している電車の天井から糸で質量 m のおもりをつるすと，糸は後方に傾いて静止する．地上に静止している観測者 A には，図 3.15(a) のように，おもりにはたらく糸の張力 $\vec{T}$ と重力との合力 $\vec{F}$ によって，おもりが加速度 $\vec{a}$ で運動しているようにみえる．この場合のおもりの運動方程式は，次のように表される．

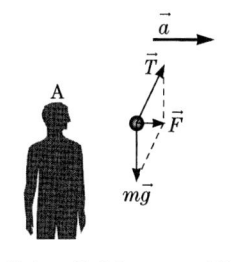

(a) 地上に静止している観測者　　　(b) 電車内の観測者

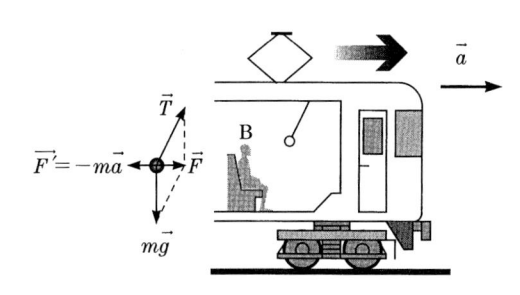

図 3.15 慣性力

$$m\vec{a} = \vec{F} \tag{3.28}$$

一方,電車内の観測者Bにとっては,おもりが静止しているので,図3.15(b)のように,おもりには合力 $\vec{F}$ とつりあう別の力 $\vec{F'}$ がはたらいていると考える.この場合,おもりにはたらく力のつりあいの式は,

$$\vec{F} + \vec{F'} = 0 \tag{3.29}$$

となり,式(3.28),(3.29)より,次式が得られる.

$$\vec{F'} = -m\vec{a} \tag{3.30}$$

したがって,加速度 $\vec{a}$ で等加速度運動している観測者Bには,質量 m のおもりが $-m\vec{a}$ の力を受けているようにみえる.このように,観測者が加速度運動をしているときに現れるみかけの力を**慣性力**という.観測者が静止または等速度運動をしている場合には,物体から物体にはたらく力だけで運動方程式が成り立つ.このような観測者の立場を**慣性系**という.これに対して,加速度運動をしている観測者の立場を非慣性系という.非慣性系では,物体から物体にはたらく力だけでは運動方程式が成り立たない.慣性力を加えてはじめて運動方程式が成り立つのである.

一般に,加速度 $\vec{a}$ で等加速度運動をする観測者に,物体が加速度 $\vec{a'}$ の加速度運動をしているようにみえるとき,この観測者にとっては,物体が実際に受けている力 F のほかに,慣性力 $-m\vec{a}$ を受けているようにみえる.このとき,物体の運動方程式は,次のように表される.

$$m\vec{a'} = \vec{F} + \left(-m\vec{a}\right) \tag{3.31}$$

3.13 遠 心 力

車がカーブを曲がるとき,車内の人には,カーブの中心から外向きに押しつけられるような力が感じられる.このように,観測者が円運動しているときにも,円の中心から外向きに慣性力がはたらく.図3.16のように,回転台

の中心にばねの一端を固定し，他端に質量 m のおもりをつけ，回転台とともに一定の角速度 ω でおもりを回転させる．おもりの回転半径を r とすると，地上で静止している観測者 A からみると，おもりは弾性力 F を受け，それが向心力 $mr\omega^2$ となって等速円運動をしている．しかし，おもりとともに等速円運動している観測者 B からみると，おもりは台上で静止している．したがって，おもりはばねから弾性力を受けているほか，回転軸から遠ざかる向きに，それとつりあう力 $F' = mr\omega^2$ を受けていると考える．

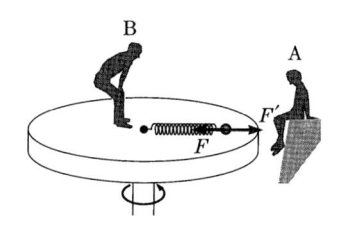

図 3.16 遠心力

一般に，観測者が角速度 ω で等速円運動をしているとき，その回転軸から r の距離にある質量 m の物体には，回転軸から遠ざかる向きに大きさ $mr\omega^2$ の力がはたらくようにみえる．この力も慣性力の一つであり，特に**遠心力**といわれる．回転軸のまわりの物体の速さを v とすれば，遠心力の大きさ F は，次式のように表される．

$$F = mr\omega^2 = m\frac{v^2}{r} \tag{3.32}$$

3.14　万有引力の法則

天体の運行について，昔の人々はすべての星が地球を中心とする円運動をしていると考えた．16 世紀頃，ティコ・ブラーエが長年にわたって天体を精密に観測した記録を，17 世紀に入って弟子のケプラーが整理し，惑星の運動について次の 3 つの法則を見いだした．

第 1 法則　惑星は太陽を 1 つの焦点とするだ円軌道を描く (図 3.17)．
第 2 法則　惑星と太陽を結ぶ線分が一定時間に描く面積は一定である (面積速度一定の法則)．
第 3 法則　惑星の公転周期の 2 乗は，惑星のだ円軌道の長半径の 3 乗に比例する．

これらの法則をケプラーの法則という．ケプラーの法則が発見されてから半世紀後に，ニュートンは，太陽のまわりを惑星が回転するのは，太陽から惑星に引力が作用しているためであるとし，この引力の性質をくわしく調べた．その結果，この引力は太陽と

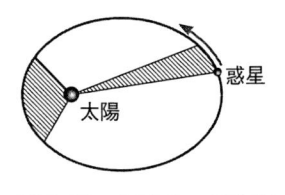

図 3.17　ケプラーの法則

惑星の間だけでなく，すべての物体間にはたらいていると考え，この力を**万有引力**と名づけ，次の万有引力の法則を発表した．

「すべての 2 物体間には万有引力がはたらいており，その大きさ F [N] は，2 物体の質量 m_1, m_2 [kg] の積に比例し，物体間の距離 r [m] の 2 乗に反比例する．」

$$F = G\frac{m_1 m_2}{r^2} \tag{3.33}$$

ニュートンはこの法則により，ケプラーの 3 法則はすべて説明できることを示した．比例定数 G は，**万有引力定数**とよばれ，その正確な値は，18 世紀にキャベンデイシュによって，はじめて求められた．現在得られている G の値は，

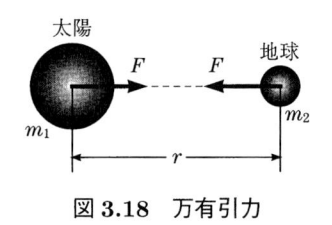

図 3.18　万有引力

$$G = (6.673 \pm 0.010) \times 10^{-11} \text{ N} \cdot \text{m}^2/\text{kg}^2$$

である．

地球上にあるすべての物体と地球との間には万有引力がはたらく．地上の物体にはたらく重力は，地球とその物体間の万有引力である (図 3.19)．地球と物体の質量をそれぞれ M, m とし，地球の半径を R, 重力加速度の大きさを g とすると，

$$G\frac{Mm}{R^2} = mg \qquad (3.34)$$

となる．したがって，地上での重力加速度 g は，

$$g = \frac{GM}{R^2} \qquad (3.35)$$

と表される．巻末の付録 A7 の表を用いて，この値が $9.8\ \mathrm{m/s^2}$ になることを確かめてみよ．

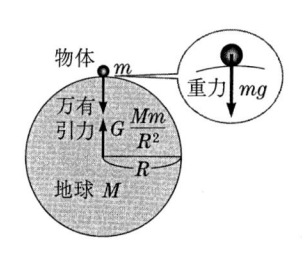

図 3.19 万有引力と重力

3.15 万有引力による位置エネルギー

地上付近では，万有引力が一定とみなせるので，地表を基準にすると，重力による位置エネルギー U は，$U = mgh$ と表される．しかし，地表から遠く離れる場合には，離れるにつれて，万有引力の大きさが小さくなるので，地上付近と同様に考えることができない．万有引力による位置エネルギーの基準は，万有引力が 0 となる無限遠点に選ぶことが多い．地球の質量を M として，地球の中心から距離 r だけ離れた点にある質量 m の物体の万有引力による位置エネルギー U は，物体が距離 r の点から無限遠方まで動くときに万有引力がする仕事で表される．その値は，万有引力の向きと移動する向きが逆であるから負になり，次式で与えられる．

$$U = -G\frac{Mm}{r} \qquad (3.36)$$

この式から，万有引力による位置エネルギーは，物体が無限遠方にあるときには 0 で，その他の位置では負となり，物体が地球に近づくほど小さくなることがわかる．式 (3.36) の位置エネルギー U は，積分を用いれば，

$$U = \int_r^\infty -G\frac{Mm}{r^2}\mathrm{d}r = -GMm\left[-\frac{1}{r}\right]_r^\infty = -G\frac{Mm}{r}$$

のように計算できる．ここで被積分関数である万有引力にマイナスの符号をつけたのは，上で述べたように，引力の向きと移動の向きが反対だからである．逆に，U を r で微分すれば，

$$\frac{dU}{dr} = \frac{d}{dr}\left(-G\frac{Mm}{r}\right) = G\frac{Mm}{r^2}$$

のように，万有引力の大きさが求まる．

第3章の問題

A

[仕事と仕事率]

1. 質量 m の物体を高さ h まで，水平な床から垂直に引き上げるときと水平面と角度 θ をなす斜面に沿って引き上げるときの仕事は，それぞれ何 J か．
2. 人が 2.0 kg の物体をしずかに 1.0 m 持ち上げるときの仕事は何 J か．また，同じ物体をしずかに 1.0 m 引き下ろすときの仕事は何 J か．
3. 物体が受けている力 F の向きに速さ v で移動するときの仕事率は Fv で与えられることを示せ．
4. 60 kg の人間が 3 m の高さを 4 秒で上がったときの仕事率を求めよ．

[仕事と運動エネルギー]

5. 質量 1000 kg の自動車が時速 72 km の速さで動いているときの運動エネルギーはいくらか．
6. なめらかな水平面上に静止した物体に，水平方向に 1.5 N の力を加え続けたところ，6.0 s 間に 8.0 m 移動した．物体の運動量の大きさと運動エネルギーはいくらか．

7. 粗い水平面上に置かれた 5.0 kg の物体に，20 N の力を水平方向に 5 秒間加え続けたところ，物体は一定の速度で力の向きに 10 m 移動した．(a) 物体に加えた力がした仕事は何 J か．(b) 加えた力の仕事率は何 W か．(c) 動摩擦係数はいくらか．

[重力による位置エネルギー]
8. 水平面からの高さが 10 m の高さにある，質量 5.0 kg の物体の位置エネルギーは水平面を基準にして何 J か．
9. 各階の高さの差が 4.0 m のビルがある．2 階の床面を高さの基準にしたとき，4 階と 1 階の床面に置かれた質量 10 kg の物体のもつ重力による位置エネルギーはいくらか．

[落下運動と力学的エネルギー]
10. 床から 1.0 m の高さから，0.5 kg のボールを静かにはなした．ボールが床に衝突するときの，ボールの運動エネルギーの大きさは何 J か．
11. 水平面と 30° の角度をなす滑らかな斜面に沿って，初速 0 で 1.0 kg の物体がすべりおりた．斜面に沿った移動距離が 1.0 m になったときの，物体の速さを求めよ．

[弾性力による位置エネルギー]
12. 自然の長さから 10 cm 伸ばすのに，5.0 N の力が必要なばねを自然の長さから 5.0 cm 縮めるのに必要な仕事はいくらか．
13. 自然の長さが 20 cm のつるまきばねの上端を固定して，下端に質量 0.50 kg のおもりをつけたところ，ばねの長さが 30 cm になって静止した．(a) このばねのばね定数はいくらか．(b) 弾性力による位置エネルギーはいくらか．

[ばねの振動と力学的エネルギー・力学的エネルギー保存の法則]
14. なめらかな水平面上に，ばね定数が 100 N/m のばねを一端を壁に固定し，他端に質量 250 g のおもりを付けて置いた．ばねの伸びが 15 cm になった位置でおもりを静かにはなした．(a) ばねが自然の長さになった

瞬間のおもりの速さはいくらか．(b) ばねの縮みが 10 cm になったときのおもりの速さはいくらか．

[保存力と位置エネルギー]

15. 高さ 200 m の位置から高さ 100 m の位置まで，質量が 50 kg のスキーヤーが滑り降りるとき，重力がする仕事はいくらか．

[摩擦による力学的エネルギーの損失]

16. 質量 4.0 kg の物体を図のような粗い水平面上で，次のような経路で移動した．摩擦力がする仕事はそれぞれいくらか．ただし，物体と水平面との動摩擦係数を 0.25 とする．(a)A から B へ直接移動する場合．(b)A→C→B と移動する場合．

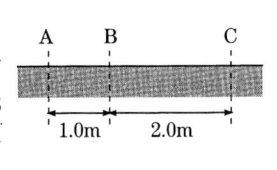

[はねかえり係数とエネルギーの損失]

17. 高さ h から自由落下させた質量 m の小球が床と衝突した．小球と床の間のはねかえり係数を e とすると，この衝突で失われる力学的エネルギーが $\Delta K = mgh(1-e^2)$ で与えられることを示せ．

[等速円運動・等速円運動の加速度]

18. 半径 0.50 m の円周上を角速度 2.0 rad/s で等速円運動をしているおもりの速さと加速度の大きさはそれぞれいくらか．

19. 半径 1.0 m の円軌道上を 10 s 間に 4.0 回転の割合で等速円運動している 0.4 kg の物体がある．この運動の周期，回転数，角速度，速さはそれぞれいくらか．また，物体にはたらく向心力はいくらか．

20. ばね定数が 20 N/m で自然の長さが 40 cm のばねの一端を回転軸に固定し，他端に質量 0.50 kg のおもりつけて滑らかな水平面上で回転させた．おもりは半径 50 cm の円軌道上を等速円運動をした．(a) おもりの速さはいくらか．(b) おもりの質量を 0.25 kg にしたとき，円軌道の半径が 50 cm のままであるためには，おもりの速さをいくらにしたらよいか．

第 3 章の問題

[慣性力・遠心力]

21. 一定の速さ 4.0 m/s で走っている電車の中で，鉛直上向きにボールを初速 3.0 m/s で投げ上げた．(a) ボールが最高点に達するまでの時間を求めよ．(b) 電車の外に静止して立っている人から見た，ボールの初速度の大きさを求めよ．

22. 走り始めた電車の中で，天井から糸でつるしたおもりが，鉛直と一定の角度 θ を保っている．電車の加速度の大きさはいくらか．

23. 一定の速さで回転している円板上に，質量 m の物体が回転軸から r の距離の位置に静止している．円板の回転速度を少しずつ増していったところ，物体が円板上を動き始めた．物体と円板の面との静止摩擦係数を μ として，物体が円板上で動き始める直前の円板の角速度 ω を求めよ．

[万有引力の法則]

24. 質量 50 kg の 2 つの鉄球が 0.50 m はなれておかれている．2 球の間にはたらく万有引力の大きさを求めよ．

B

1. ばね定数 k のつるまきばねに質量 m のおもりを静かにつるすと，ばねは自然の長さから x_0 だけ伸びて静止した．この状態からおもりを a だけ下に引いてはなした．おもりが上昇を始めて，ばねの伸びが x_0 になったときのおもりの速さ v_0 を求めよ．

2. 粗い水平面上にある 10.0 kg の物体を水平から 60° ななめ上方に 40 N の力で引き，ゆっくりと 3.0 m 移動させた．このとき，(a) 加えた力がした仕事は何 J か．(b) 摩擦力のした仕事は何 J か．(c) 物体と面との間の動摩擦係数を求めよ．

3. 自然の長さが 30 cm のばねに 500 g のおもりをつるすと，ばねの長さが 37 cm になった．このばねを水平な床の上に置き，ばねの一端を壁に固

定し，他端に水平方向の力を加えて引き伸ばしたところ，ばねの長さは 50 cm になった．(a) このばねのばね定数はいくらか．(b) ばねの長さを自然の長さから 50 cm にするのに必要な仕事はいくらか．

4. 図のように，水平面となす角が 30° の粗い斜面上の点 A を 2.0m/s で通過した質量 1.0kg の物体が，速さ 3.0m/s で点 B を通過した．(a) 摩擦で失われた力学的エネルギーは何 J か．(b) 物体にはたらく摩擦力は何 N か．

5. 図のように，鉛直と 60° の角度をなす位置から長さ r の糸につるした質量 m のおもりをはなしたとき，(a) おもりをはなした直後の糸の張力の大きさを求めよ．(b) 最下点 O における，おもりの速さを求めよ．(c) 最下点 O における，糸の張力の大きさを求めよ．

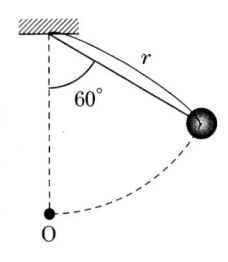

6. 一定の加速度 a で加速している電車の中で，床からの高さが h の位置から小球を静かにはなした．(a) 小球が床に達するまでの時間を求めよ．(b) 小球をはなした位置から，床に落下した位置までの水平距離を求めよ．

4

気体の性質と温度，熱

4.1 物質と原子・分子

　私たちの身の回りにはさまざまな物質がある．これらのありとあらゆる物質は，分子からできている．これらの分子は，さらに原子からできている．私たちの身体も，このような分子や原子が集まってできている．いま，誰でもよく知っている物質の例として，水をとり上げてみよう．水は H_2O という水分子がたくさん集まったものである．水分子は，水素原子（記号 H）2 個と酸素原子（記号 O）1 個が結びついたものである（図 4.1）．

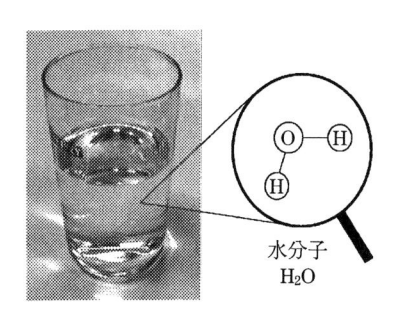

図 4.1　水は水分子 H_2O の集まり

　水はふつうは液体である．しかし，液体の水を冷やせば固体の氷になるし，熱すればお湯になり，さらに熱してゆくと，やがて沸騰して気体の水蒸気になる．ふつうの物質は，このように温度や圧力によって固体 $\rightleftharpoons$ 液体 $\rightleftharpoons$ 気体

という3つの状態*2)の間を移り変わる．前の章で取り上げた剛体は固体である．固体の中では，分子や原子は互いにしっかり結びついていて，ほとんど離れることはない．その反対に気体の中では，分子はばらばらで，お互いにあまり関係なく動き回っていると考えられる．その2つの中間で，分子は互いに結びついてはいないが，そうかといって無関係に離ればなれになっている訳でもないのが液体である．このような様子を図4.2に模式的に示してある．剛体は変形しないとしたために取り扱いが簡単になったが，気体の性質もそれとは正反対の場合として，簡単に取り扱えるようになるのではなかろうか？

固体　　　液体　　　気体

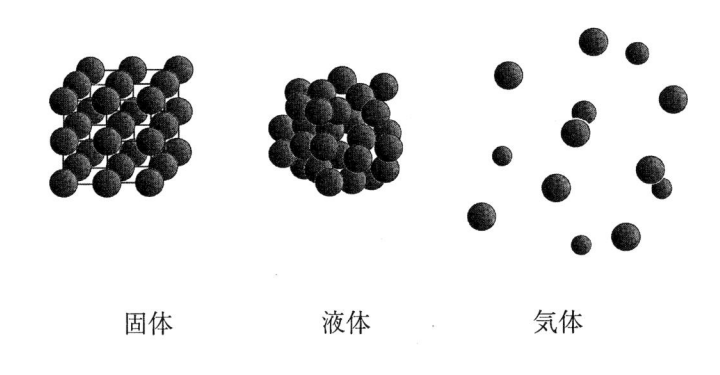

図4.2　固体，液体，気体の中の分子・原子の模式的な様子

4.2　気体分子と壁との衝突，ボイルの法則

いま次のようなモデルを考えてみよう．1辺の長さが L の立方体の箱に，質量 m の気体分子が N 個入っていて，規則性なくでたらめに動きまわっている．このようなでたらめな運動を「ランダムな運動」という．また，分子の大きさは無視でき，したがって分子どうしは衝突することがなく，分子の間には何も力ははたらかない．すると，分子は箱の壁としか衝突することは

---

*2)　これを物質の三態とよぶ．

4.2 気体分子と壁との衝突,ボイルの法則

ない.分子は箱の中では等速直線運動をし,壁とぶつかったときだけ運動の向きが変わる.さらに,分子と壁との衝突は弾性衝突であるとする[*3].

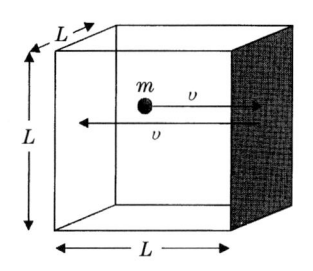

図 4.3 1 辺 L の立方体の箱に入った分子の動き

図 4.3 のように,分子が速さ v で右向きに進んで壁と弾性衝突したとすると,衝突後の分子は左向きに速さ v で進む.すると,衝突前後での気体分子の運動量の変化は $2mv$ だから,分子 1 個の 1 回の衝突で壁が受ける力積は $2mv$ である.この分子はその後,左に進んで行って左側の壁と衝突して向きを変え,戻ってきて再び右側の壁にぶつかる.2 回目にぶつかるまでの時間は,分子が容器の一辺を往復する時間,すなわち $\dfrac{2L}{v}$ である.すると,1 個の分子は Δt 秒間に $\dfrac{\Delta t \cdot v}{2L}$ 回だけ右側の壁と衝突する.したがって,Δt 秒間に 1 個の分子から壁が受ける力積は

$$2mv \times \frac{\Delta t \cdot v}{2L} = \frac{mv^2}{L} \cdot \Delta t \tag{4.1}$$

で,壁が 1 個の分子から受ける力を F とすると,これは $F\Delta t$ に等しいはずだから,

$$F = \frac{mv^2}{L} \tag{4.2}$$

気体分子は全部で N 個あるから,全部の気体分子から壁が受ける力はこの N 倍になりそうだ.ただし,全部の分子が左右の方向に動いている訳ではな

[*3] これらの仮定は,実は正しくない.分子はお互いに衝突しあっているし,壁にぶつかった分子はしばらくそこにとどまる.しかし,非常に多くの分子があって,それらの平均を考えると,1 個 1 個についてこのように仮定したのとほぼ同じになる.

い．気体分子はでたらめな動きをしているから，平均すれば $\frac{1}{3}$ は左右方向に，$\frac{1}{3}$ は前後方向に，$\frac{1}{3}$ は上下方向に運動しているだろう．すると，右側の壁の受ける力は式 (4.2) の N 倍ではなく $\frac{N}{3}$ 倍になる．また，すべての分子が同じ速さで動いているとは限らないし，ななめに運動するものも当然あるから，v^2 はさまざまな分子の右向き（例えば x 方向）の速度成分の 2 乗を平均した量であると理解して，これを $\overline{v^2}$ と書くことにする*4)．すると，壁が受ける力は

$$F = \frac{N}{3} \cdot \frac{m\overline{v^2}}{L} = \frac{Nm\overline{v^2}}{3L} \tag{4.3}$$

となる．

壁や床などが気体や液体から受ける力は，単位面積あたりの量にしておくと便利なことが多い．単位面積あたりの力のことを**圧力**とよぶ．圧力は力を面積で割ったものだから，その単位は N/m² であるが，これを**パスカル**（記号 Pa）とよぶ．100 Pa のことを 1 hPa（ヘクトパスカル）とよぶが，これは天気予報でおなじみの単位である．

壁が受ける圧力を p とすると，式 (4.3) を壁の面積 L^2 で割って

$$p = \frac{F}{L^2} = \frac{Nm\overline{v^2}}{3L^3} \tag{4.4}$$

ところが，L^3 は箱の体積 V であるから，結局

$$p = \frac{Nm\overline{v^2}}{3V} \tag{4.5}$$

あるいは，これを少し書き換えて

$$pV = \frac{Nm\overline{v^2}}{3} = \frac{2N}{3} \cdot \frac{m\overline{v^2}}{2} \tag{4.6}$$

となる．

式 (4.6) によれば，気体分子の（平均の）速さが変わらなければ，気体の圧力と体積の積は一定である．

$$pV = 一定 \tag{4.7}$$

---

*4) このように考えると，速度の平均 $\overline{v}$ は 0 であるが，速度の 2 乗平均 $\overline{v^2}$ は 0 ではない．

これは昔から「**ボイルの法則**」として知られていたことに他ならない．ボイルはいろいろな気体について温度を一定に保ったときの実験をおこない，1662年に経験則として式 (4.7) を得た．この式によれば，気体の圧力と体積は反比例し，体積を半分に押し縮めるためには圧力を2倍にする必要がある．日常生活でも，風船を押しつぶしたり，手押しポンプで自転車のタイヤに空気を入れたりするときの経験から，このような関係が成り立つことは想像できるだろう．

4.3　シャルルの法則と絶対温度

気体に関するもう一つの経験則として，古くから知られている「**シャルルの法則**」[*5)]がある．温度が高くなると気体の体積が増える．これも陽のあたる場所に置いてあった自転車のタイヤが膨れて固くなったり，しぼんだ風船を暖めるとまたピンとしたりするなど，日常的によく経験することである．

シャルルはこのような関係を調べて，1767年に気体の温度と体積との間の関係を与えた[*6)]．この関係は，現在広く使われているセ氏温度目盛（°C目盛）では次のような形に書くことができる．気体の温度が0°Cのときの体積を V_0 とすると，$t[°C]$ のときの体積 V は

$$V = V_0 \left(1 + \frac{t}{273.15}\right) = V_0 \cdot \frac{273.15 + t}{273.15} \tag{4.8}$$

ここで，$T = t + 273.15$ とすると，シャルルの法則を表す式 (4.8) は，簡単に

$$V = V_0 \cdot \frac{T}{T_0}, \qquad \text{あるいは} \qquad \frac{V}{V_0} = \frac{T}{T_0} \tag{4.9}$$

となる．ただし，$T_0 = 273.15$ である．

T はセ氏目盛の温度を 273.15 だけずらしただけのものであるが，このようにずらした温度のことを「**絶対温度**」とよんで，ケルビン（記号 K）とい

[*5)] 「ゲイ・リュサックの法則」とよばれることもある．
[*6)] このような関係式が得られるためには，温度というものが客観的，かつ定量的に決められないとならない．セ氏温度目盛が提唱されたのは 1742 年のことである．

う単位で表すことにする*7)*8).

$$T\,[\mathrm{K}] = (273.15 + t)[°\mathrm{C}] \tag{4.10}$$

式 (4.8) あるいは (4.9) を見ると, 温度が $t = -273.15°\mathrm{C}$, あるいは $T = 0$ K のときに気体の体積 V は 0 になる. つまり, この温度ではもはや気体は存在できない.

$$T = 0\,\mathrm{K}, \qquad t = -273.15°\mathrm{C} \tag{4.11}$$

のことを,「**絶対 0 度**」とよぶ. この温度の意味については, また後で述べる.

4.4 ボイル・シャルルの法則と理想気体

ボイルの法則 (4.7) 式とシャルルの法則 (4.9) 式をいっしょにすると,「**ボイル・シャルルの法則**」

$$pV \propto T, \qquad \text{あるいは} \quad \frac{pV}{T} = 一定 \tag{4.12}$$

が得られる*9). この関係は, とうぜん気体の量が一定の場合に成り立つ. p, T が一定のとき, 気体の量が 2 倍になればその体積は 2 倍に, 3 倍になれば体積は 3 倍になることは明らかだろう. つまり, 式 (4.12) の第 2 式の右辺の一定の値は, 気体の量に関係している. そこで, この気体の量を気体分子の数 N で表してやることにする.

$$\frac{pV}{T} \propto N \tag{4.13}$$

ただし, 気体分子の数は非常に多いので, そのままの数で表すと大きくなりすぎて不便である. そこで,

$$N_\mathrm{A} = 6.02 \times 10^{23}\,個 \fallingdotseq 6 \times 10^{23}\,個 \tag{4.14}$$

---

*7) セ氏の記号には °C のように小丸をつけるが, K には小丸をつけない.
*8) 厳密な話をするとき以外は, 小数点以下の数字は無視することにすると, $T\,[\mathrm{K}] \fallingdotseq (273 + t)[°\mathrm{C}]$, したがって 0°C は約 273 K である. また, 300 K $\fallingdotseq$ 27°C は, ちょうどきりのいい数で扱いやすいので,「室温」とか「常温」とかいうと, この温度を指すことにしておく.
*9) $\propto$ は「比例する」という記号

4.4 ボイル・シャルルの法則と理想気体

という数を単位にして,この数の何倍あるか,ということで気体分子の量を表すことにする.式(4.14)の N_A のことを「**アボガドロ数**」,気体分子の数がこれの何倍あるかということで表した量を「**モル数**」とよび,mol という単位で表す.すなわち,気体分子の数を N,モル数を n とすると,

$$n = \frac{N}{N_A} \tag{4.15}$$

モル数は,N_A の何倍かというただの数であり,単位はあるが次元をもたない無次元の量である.

そうすると,ボイル・シャルルの法則(4.12)式は

$$\frac{pV}{T} \propto n \tag{4.16}$$

あるいは

$$\frac{pV}{nT} = \text{一定} \tag{4.17}$$

となるので,この一定の値を R と置くと,

$$\frac{pV}{nT} = R \tag{4.18}$$

あるいは

$$pV = nRT \tag{4.19}$$

と書くことができる.実際にいろいろな気体について測定してみると,R は気体によらずほぼ一定の値で,

$$R = 8.31 \text{ J/(mol·K)} \tag{4.20}$$

となっている.この R のことを「**気体定数**」とよんでいる.

式(4.19)は,実際のすべての気体に対して成り立つわけではない.特に気体の温度が非常に低くなったり,圧力が非常に高くなったりすると,この関係から大きくずれてくる[*10].しかし,ふつうの気体に対してはこの関係

[*10] 実際の気体が理想気体からずれる理由は,4.2 節で式(4.6)を導いたときの前提から想像できるだろう.4.2 節では,分子の大きさを無視でき,分子の間には力がはたらかないと仮定した.しかし,実際には分子は大きさをもっているし,分子の間には力がはたらく.そのために他の分子とぶつかって,例えばくるくるまわりだしたりすると,その回転運動にエネルギーの一部が使われたりする.温度が低くなったり,圧力が高くなったりすると,分子と分子との衝突などが起りやすくなることは想像できるだろう.

はほぼ成り立っている.そこで式 (4.19) の関係が厳密に成り立っている理想的な気体を考えて,それを「**理想気体**」とよぶことにする.式 (4.19) は理想気体の圧力や体積,温度などの状態を表す量の間の関係式を与えているので,「**理想気体の状態方程式**」とよばれる.

4.5 熱 の 本 質

気体分子の運動から導いた式 (4.6) と,経験的事実を理想化して法則とした式 (4.19) とを比べてみると,

$$pV = \frac{2N}{3} \cdot \frac{m\overline{v^2}}{2} = nRT = \frac{N}{N_\mathrm{A}}RT \tag{4.21}$$

であるから,

$$\frac{m\overline{v^2}}{2} = \frac{3}{2} \cdot \frac{R}{N_\mathrm{A}} \cdot T = \frac{3}{2}kT \tag{4.22}$$

と書くことができる.ここで,

$$\frac{R}{N_\mathrm{A}} = k \tag{4.23}$$

とおいた.この k は「**ボルツマン定数**」とよばれ,その値は

$$k = \frac{R}{N_\mathrm{A}} = \frac{8.31}{6.0 \times 10^{23}} \fallingdotseq 1.38 \times 10^{-23} \text{ J/K} \tag{4.24}$$

である.

式 (4.22) の左辺は,気体分子の運動エネルギー(の平均)にほかならない.$\overline{v^2}$ をたくさんの分子についての平均の量であると考えたので,この式の左辺もたくさんの分子について平均した運動エネルギーということになる.k は定数であるから,式 (4.22) は気体の絶対温度は気体分子の運動エネルギーに比例することを表している.温度が同じなら,気体の種類によらず,分子の運動エネルギーは同じである.熱を与えると,気体分子がより活発に動きまわるようになる.また,絶対 0 度というのは,気体分子の運動エネルギーが 0 になる,つまりすべての分子が静止して動かない状態にあるときの温度である[*11].

[*11) ミクロの世界では,絶対 0 度でも 0 点振動とよばれる運動がある.

もともと温度や熱は経験的なものである．例えば，風呂の湯を熱いと感じるか，ぬるいと感じるかは，人によっても差があるし，同じ人でもそのときどきによって感じ方が変わる．このような経験的なものを，なるべく客観的な量や法則で表そうという試みを多くの人がやってきた．昔の人々は，熱が伝わるのは何かの物体が実際に流れるのだと考え，その物体を「熱素」という名前でよんだ．そして，この「熱素」の量が多いか，少ないかによって，物体の温度が決まると考えた[*12]．こうした考えから出発してさまざまな経験則をまとめて行き，少しずつ熱や温度の本性を明かにして行ったのである．そして私たちは，温度というのは気体分子の運動エネルギーの大きさを表すものにほかならない，という考えに到達した．温度というのは気体分子の運動エネルギーの大きさを表すものにほかならない．つまり，気体分子がどれだけ激しく動きまわっているか，ということを表しているものが温度である．したがって，その温度を上げたり下げたりする**熱はエネルギーの一種である**といえる．

4.6 熱の仕事当量

熱がエネルギーの一種ならば，次のようなことが起こるはずである．ある物体の位置エネルギーや運動エネルギーなどの力学的エネルギーを別の物体の分子に分け与えたとする．すると，エネルギーをもらった物体の分子の運動エネルギーは増加し，その温度は上昇するはずである．ジュールは実際に図4.4のような装置を用いて，そのようなことが可能であることを示した．

ジュール (1818-1889)

[*12] このような考え方は，今でも「熱容量」とか「熱量」といった言葉に反映されている．「熱容量」というのは，ビンや箱などの容量と同じように，熱素をどれだけ入れることができるか，という意味だし，「熱量」というのは，移動した熱素の量といった意味になるが，実際には何かの物体を入れたり，移動させたりする訳ではない．

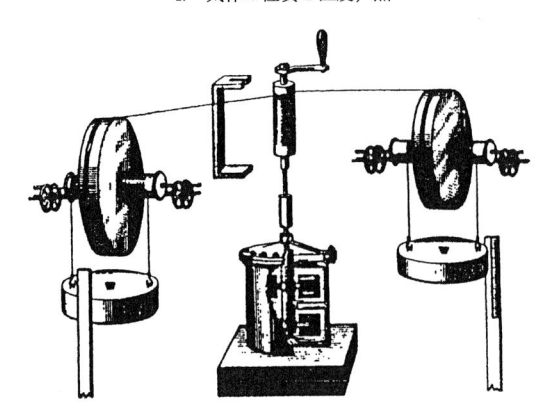

図 4.4　ジュールの装置

　図の中央下部にある円筒の容器（内部がわかるように，側壁の一部を除いてある）には水が入っており，この円筒に取り付けた軸が回転すると，羽根がまわって水をかき混ぜるようになっている．軸には糸が巻き付けてあり，両側のおもりが下がって行くと糸を引っ張って軸を回転させる．おもりがどれだけ下がったかは，目盛りで読み取ることができ，おもりの質量と落下した距離から，おもりがどれだけの力学的エネルギーを失ったかがわかる．おもりを何回も落下させると，かき混ぜられた水の温度がしだいに上がってゆく．

　このような装置でジュールは，水の温度を 1°C 上げるにはどれだけの力学的エネルギーが必要かを測定した．現在ではこの値は「**熱の仕事当量**」とよばれ，水 1g あたり 4.19 J であることがわかっている．

　熱に対しては，現在でもしばしば「**カロリー**」（記号 cal）という単位が使われる．1 g の水の温度を 1°C 上げるのに必要な熱量が 1 cal である．しかし，MKSA 単位系では，熱の単位はエネルギーや仕事と同じ J（ジュール）である[*13]．上に述べたことから，

$$1 \text{ cal} \fallingdotseq 4.19 \text{ J} \tag{4.25}$$

である．

[*13)] この単位は科学者ジュールの名前にちなんでつけられた．

4.7 熱容量と比熱

1 g の水の温度を 1 K (=1°C) 上げるのに必要な熱量が 1 cal，すなわち 4.19 J だから，1 kg の水の温度を 1°C 上げるためには，この 1000 倍，すなわち 4.19 kJ の熱エネルギーが必要になる．温度を t°C 上昇させるためには 1°C 上昇させる場合の t 倍の熱エネルギーが必要になる．

一般に，ある物体の温度を 1°C 上昇させるために必要な熱エネルギーのことを「**熱容量**」とよぶ．熱容量の単位は [J/K] である．熱容量の大きい物体は，温度を上げるのにも下げるのにも，多くの熱エネルギーを与えたり奪ったりする必要がある．つまり，同じように熱しても熱容量の大きい物体の方が暖まりにくいし，また冷やしても冷めにくい．

同じ材料の物体でも，量が 2 倍になれば温度上昇に必要な熱エネルギーは 2 倍必要になり，物体の量に比例して熱エネルギーが必要になる．しかし，1 kg あたりの熱容量は物体の性質だけで決まる量になる．この量のことを「**比熱**」とよんでいる．比熱の単位は [J/(K·kg)] である．水の比熱は 4.19×10^3 J/(K·kg) = 4.19 kJ/(K·kg) である．

表 4.1 にいくつかの物質の比熱を示した．比熱は温度や圧力によっても多少変わる．この表を見てわかるように，水の比熱は他の物質に比べて非常に大きい．つまり，水は暖まりにくく冷めにくい物質である．私たちは日常生活で水のこのような性質を無意識に利用している．風呂に入ったり，カップめんにお湯をかけたりするのは，その一例である．

表 4.1　いくつかの物質の比熱

物質名	比熱 [kJ/(K·kg)]
水	4.19
鉄	0.45
銅	0.38
アルミニウム	0.88
コンクリート	約 0.8
ガラス	0.6 〜 0.9
木材	1.3 前後

4.8　潜　　　熱

　固体 ⇌ 液体 ⇌ 気体という3つの状態を物質が移り変わっている途中の状態にあるときは，前節で述べた熱容量や比熱は決まらない．移り変わりの途中では，物質に熱を加えても，あるいは熱を奪い取っても，物質の温度は変化しないからである．

　固体から液体に移り変わるときには，外から与えた熱エネルギーは，図4.2のように，分子（や原子）の間の結合をゆるめていくのに使われる．このように，分子の結合がゆるんでグズグズになることを，「融解」，「液化」，あるいは単に「溶ける」という．その物質がすべて融解して液体になると，外から与えた熱は液体の温度を上げるのに使われるようになる．

　また，液体から気体に変わる間では，与えた熱は分子が周りの分子を振り切って，外に飛び出すために使われる．このように，分子が外に飛び出すことを，「蒸発」，あるいは「気化」という．その物質がすべて蒸発して気体になると，外から与えた熱は気体の温度を上げるのに使われるようになる．

　物質が外に熱を放出して，気体から液体に，あるいは液体から固体に移り変わっているときにも，同じように温度は変化しない．ある物質が気体から液体になるときに外に出す熱は，その物質が蒸発するときに外から与えなくてはならない熱に等しい．同じように，その物質が液体から固体になるときに外に出す熱は，その物質が融解するときに外から与えなくてはならない熱に等しい．

　このように物質が状態を変えるのに必要な熱のことを「潜熱」とよぶ．特に，ある固体の物質1 kgがすべて融解するときに必要な熱のことを「融解熱」，ある液体の物質1 kgがすべて蒸発するときに必要な熱のことを「蒸発熱」，あるいは「気化熱」とよぶ．水の潜熱は特に大きい．大気圧の下で，水の融解熱は 0.335×10^6 J/kg，蒸発熱は 2.26×10^6 J/kgである．これらの値はそれぞれ約 80 cal/g，約 540 cal/g に相当する．私たちが日常生活で，飲み物に氷を入れたり，熱があるときに氷枕をしたりするときには，このような水の性質をうまく利用している．

4.9　アボガドロ数と分子・原子

1811年にアボガドロは次のような考えを唱えた．

「同一温度，同一圧力のもとで，同じ体積の気体は同じ個数の粒子を含んでいる．」

この考えを「アボガドロの仮説」とよんでいる．式 (4.14) で与えられるアボガドロ数 N_A の名前は，この考えに由来している．この仮説によって，気体どうしの化学反応の様子などをうまく説明する

アボガドロ（1776-1856）

ことができた．しかし，当時はまだ分子や原子の実在については疑う者も多く[*14]，この仮説はその後50年間も忘れ去られていた．多くの人達が分子・原子の存在を信じるよになってきた19世紀後半になって，やっとこの仮説が日の目を見たのだった．

現在の私たちは，ほとんどの気体に対して理想気体の状態方程式 (4.19) が成り立つことを知っている．この式は，式 (4.15) から

$$pV = nRT = \frac{N}{N_A}RT \tag{4.26}$$

となるが，N_A と R は定数だから，p, V, T が同じならば N も同じ，つまり分子数は同じである．これがアボガドロの仮説に他ならない．

その後のいろいろな実験によって，N_A の値が式 (4.14) で与えられることがわかった．ここで，この値の意味を考えてみる．

現在の私たちは，すべての物質が分子からできており，その分子はさらに原子からできていることを知っている．この分子や原子の質量は，もっとも軽い原子である水素（元素記号 H）のほぼ整数倍になっている[*15]．この整数の値のことを分子の場合には「**分子量**」，原子の場合には「**原子量**」とよんでいる．水素原子の原子量は1である．表4.2にいくつかの例をあげる．

[*14)] ほとんどの物理学者・化学者が原子の存在を受け入れたのは，20世紀に入ってからである．

[*15)] 実際には，きちんとした整数になっていない場合もある．これは，同位元素とよばれる少し質量の違う原子が存在しているためである．例えば酸素原子の場合，ここの表にあげた水素の16倍の質量のものがもっとも多いが，ごくわずか17倍のものと18倍のものが混ざっている．

表 4.2 原子量・分子量の例

原子			分子		
原子名	元素記号	原子量	分子名	分子式	分子量
水素	H	1	水素	H_2	2
窒素	N	14	窒素	N_2	28
酸素	O	16	酸素	O_2	32
			水	H_2O	18
炭素	C	12	炭酸ガス	CO_2	44
鉄	Fe	56			
鉛	Pb	208	ブタン	C_4H_{10}	58

　アボガドロの仮説によれば，温度，圧力，体積が同じなら，同じ数の分子を含んでいるから，その質量は分子量，あるいは原子量に比例する．逆にいうと，分子量（原子量）に比例した質量の気体をもってくると，その体積はみな同じで，その中には同じ数の分子（原子）が存在する．例えば，上の表によれば，水素ガス 2 kg，窒素ガス 28 kg，酸素ガス 32 kg，炭酸ガス 44 kg はみな体積が同じであり，同じ数の分子を含む．常温 (300 K) で 1 気圧のときには，この体積は 22.4 m^3 であることがわかっている．また，この中に含まれる分子の数は 6×10^{26} 個である．

　歴史的には，MKSA 単位系が使われるずっと以前からアボガドロ数が用いられていたので，kg ではなく，分子量（原子量）と同じ<u>グラム数</u>の物質の中に含まれる分子（原子）の数としてアボガドロ数が定義された．上の例でいうと，水素ガス 2 g，窒素ガス 28 g，酸素ガス 32 g などに含まれる分子の数である．そのため，アボガドロ数は上の値の 1/1000，すなわち 6×10^{23} 個という値になった．つまり，1 モルの気体分子の数は 6×10^{23} 個である．また，1 モルの気体の体積は，常温で 1 気圧のときには，22.4 m^3 の 1/1000，つまり 22.4 ℓ となる．実際，式 (4.19) で，$p = 1$ 気圧 $= 1013$ hPa，$n = 1$ mol，$T = 273$ K，$R = 8.31$ J/(mol·K) として計算してみると，V の値はだいたい 0.0224 m$^3 = 22.4$ ℓ になることが確かめられよう．

ところで，22.4 ℓ というのはどれくらいか，想像できるだろうか？普通の大きい紙パック 1 本に入っている牛乳やジュースの量は 1 ℓ である．図 4.5 にはその牛乳パック 20 本を並べてあるから，20 ℓ である．22.4 ℓ というのはこれよりも少し大きい．つまり，ざっと大人の腕に一抱えである．

図 4.5 これで 20 ℓ

さて，22.4 ℓ の気体の中には 6×10^{23} 個の分子がある．これはいったいどれくらいの数だろうか？指数を使わずに書いてみると，

$$600,000,000,000,000,000,000,000 \text{ 個}$$

である．これは想像するのがちょっと難しいが，ある本に次のような面白い説明がのっていた[16]ので，借用してみよう．米 1 kg の中には米粒がおよそ 5 万粒ある．スーパーなどでは 5 kg，あるいは 10 kg 入りの袋で売っているが，10 kg 入りの袋の中には米粒が約 50 万粒入っていることになる．日本の米の生産高は毎年およそ 1000 万トン=10^7 トン，すなわち $10^7 \times 10^3 = 10^{10}$ kg = 10,000,000,000 kg である．すると，日本で毎年とれる米の粒数は

$$10,000,000,000 \times 50,000 = 5 \times 10^{14} = 500,000,000,000,000 \text{ 粒}$$

---

[16] 木下是雄著「物質の世界」（培風館 1972 年）21 ページ．なお，この本には米 1 kg の中の米粒の数を 4 万粒としているが，筆者が 10 g ずつとって粒の数を何回か数えてみたところはおよそ 500 粒だったので，ここでは米 1 kg の粒数を 5 万粒とした．

となる.上のアボガドロ数と比べると,まだだいぶゼロの数が足りない.これをさらに 10^9 倍 $= 1,000,000,000$ 倍,すなわち 10 億倍すると,やっとアボガドロ数に近づく.つまり,今の日本でとれる米と同じ量の米を 10 億年間つくり続けて,やっとその米粒の数が一抱えの箱の中に入っている気体分子の数とほぼ同じになるのである.アボガドロ数というのがどれほど大きい数か,想像できただろうか?

4.10 分子・原子の性質

 前節で述べたアボガドロ数の意味がわかると,分子や原子の性質に関することがらをいくつか導くことができる.
 例えば,窒素分子は 1 mol の質量が 28 g $= 28\times10^{-3}$ kg で,この中には N_A 個の分子があるから,分子 1 個の質量は

$$\frac{28 \times 10^{-3}}{6 \times 10^{23}} \fallingdotseq 5 \times 10^{-26} \text{ kg} \tag{4.27}$$

である.原子量 1 に対応する質量を kg で表すと,この $\frac{1}{28}$ になる.
 液体や固体は,分子や原子がほとんど接しあっている状態と考えてよい(図 4.2).そこで,水分子の大きさを次のようにして推定することができる.水の密度は 1,すなわち 1 cm^3 が 1 g である.水の分子量は 18 だから,1 mol すなわち 6×10^{23} 個の質量は 18 g であり,その体積は 18 cm^3 $= 18 \times 10^{-6}$ m^3 である.この体積の中に水分子がちょうど接しあってぎっちりと詰まっているとすると,水分子 1 個の占める体積は

$$\frac{18 \times 10^{-6} \text{ m}^3}{6 \times 10^{23}} = 3 \times 10^{-29} \text{ m}^3 = 30 \times 10^{-30} \text{ m}^3 \tag{4.28}$$

である.1 辺の長さがこれの 3 乗根であるような箱を考えて,水分子 1 個がこの箱にぴったりとおさまっているとすると,水分子の直径は

$$(30 \times 10^{-30} \text{ m}^3)^{1/3} \fallingdotseq 3 \times 10^{-10} \text{ m} = 0.3 \text{ nm} \tag{4.29}$$

となる.ただし 1 nm(ナノメートル)= 10^{-9} m である.水のように簡単な構造の分子や原子の大きさは,大体この程度である.

水 18 g は上に述べたように 18 cm^3 であるが,この水が蒸発して水蒸気になると,およそ 22.4ℓ = 22.4×10^3 cm^3 になる.したがって,液体から気体になると,体積は 1000 倍以上に増える.すると,分子どうしの間隔は $(1000)^{1/3}$ =10 倍以上に広がる.これが図 4.2 で模式的に示したことである.他方,水は氷になると体積がわずかに増加する[*17]が,これは例外で,ほとんどの物質では液体から固体になると体積がわずかに減少する.しかし,気体と液体の差に比べると,液体と固体の体積の差ははるかに小さく,ほとんど変らないといっていい.水を熱して水蒸気にすると体積が非常に増えることを利用して,蒸気機関がつくられた.この蒸気機関の改良によって産業革命がもたらされ,それと同時にこのような機関の効率をいかに上げるか,という問題に取り組むことによって熱力学が大きく発展した.

絶対温度 T のときに分子のもつ運動エネルギーは式 (4.22) で与えられる.先ほど,分子の質量がわかったので,次に分子の平均の速さを求めてみることができる.式 (4.22) を変形して

$$\overline{v^2} = \frac{3kT}{m} \tag{4.30}$$

となるから,窒素分子の室温(300 K)での平均の速さは

$$\sqrt{\overline{v^2}} = \sqrt{\frac{3kT}{m}} \fallingdotseq \sqrt{\frac{3 \times 1.38 \times 10^{-23} \times 300}{5 \times 10^{-26}}} \fallingdotseq \sqrt{\frac{12.5 \times 10^{-21}}{5 \times 10^{-26}}}$$
$$= \sqrt{25 \times 10^4} = 500 \text{ m/s} \tag{4.31}$$

すなわち,秒速約 500 メートルとなる.

式 (4.22) によれば,(理想)気体分子の運動エネルギーは温度だけで決まり,気体の種類によらない.つまり,同じ温度では,軽い分子ほど速く,重い分子ほど遅く,動き回っていることになる.その平均の速さは,質量の平方根に比例する.

[*17] 寒い地方では,冬の夜に水が凍ったために水道管が破裂することがあるのは知っているだろう.

式 (4.22) から,室温 (300 K) における窒素分子の平均の運動エネルギーは

$$\frac{1}{2}mv^2 = \frac{3}{2}kT = \frac{3}{2} \times 1.38 \times 10^{-23} \text{ J/K} \times 300 \text{ K} \fallingdotseq 6 \times 10^{-21} \text{ J} \quad (4.32)$$

である.この運動エネルギーで垂直上方に投げた物体が到達する高さは,

$$mgh = 6 \times 10^{-21} \text{ J} \quad (4.33)$$

として,$h = 1.2 \times 10^4$ m $= 12$ km である[*18].この値がほぼ空気層の厚さと考えていいだろう.この値は別の方法で推定した値ともほぼ一致する.

4.11 大気と真空

空気を構成している窒素や酸素などの気体分子の質量は約 5×10^{-26} kg であり,この質量をもった多数の分子が秒速 500 メートル程度の速さで飛びまわっている.しかし,重力のため地球から飛び去って行ってしまうことはできない.これらの分子が物体の表面にぶつかることが,空気の圧力,すなわち大気圧の原因となっている.標準的な大気圧を「**1 気圧**」とよんでおり,1 気圧 $= 1013$ hPa $\fallingdotseq 10^5$ N/m^2 である.地表近くのありとあらゆる物体の表面には,これだけの空気の圧力がかかっている.水があると,その水面にもこれだけの圧力がかかっている.そこで,いま水の中に管を立てて,その管の上部の空気を抜いてやると,水は管の中に押し上げられるだろう.これが,私たちがストローでジュースなどの飲み物を吸い上げる原理である.

ところで,管の上部の空気を抜いてやると,水はどこまでも上がっていくだろうか?そんなことはない.管の中に押し上げられた水は質量をもっているので,その部分の水にはたらく地球の引力と大気圧で押し上げる力とがつりあうところまでしか水は上がっていかない.いま,断面が 1 m^2 の管を考えて,その中を高さ h まで水が上がったとする.前節でも出てきたように,水の密度は 1 g/cm^3 で,1m^3 の水の質量は 10^6 g $= 10^3$ kg である.したがって,この管の中の水柱の質量は $10^3 \times h$ [kg] である.$g = 10$ m/s^2

[*18] ただし,g は定数で地表付近と同じ約 10 m/s^2 であるとしている.実際には,第 3 章で述べたように,g は高さとともに変化する.

とすると，この水柱にはたらく重力は $10^4 \times h$ [N] である．一方，断面積 1 m^2 の管の水を下から押し上げる力は，1 m^2 の面にかかる大気圧だから，1 $m^2 \times 10^5$ N/$m^2 = 10^5$ N である．この2つの力がつりあうことから，$h = 10$ m という値が得られる．より正確に $g = 9.8$ m/s^2，1 気圧 $= 1013 \times 10^2$ N/m^2 とすると，10.3 m くらいになる．すなわち，いくらポンプで水を吸い上げようとしても，約 10 m 以上の高さには上がらない．昔の井戸掘り職人は，経験的にこのことを知っていたという．

　水よりも重い液体の場合には，その高さはもっと低くなる．水銀は常温で液体の金属で，その密度は 13.6 g/cm^3 である．上と同じような計算をすると，水銀柱の高さは水の場合の 1/13.6，すなわち $10.4/13.6 \fallingdotseq 0.76$ m = 76 cm となる．ガリレイの弟子であったトリチェリは，図 4.6 のように一端を封じたガラス管を水銀で満たして水銀液中で倒立させると，水銀柱の高さが 76 cm までしかならず，その上部のガラスを封じてある部分は真空となることを示した（実際には水銀の蒸気などがわずかに存在する）．それまでは「自然は真空を嫌う」といわれて，空気も何も存在しない空間をつくることはできないとされていたが，トリチェリはこの常識を打ち破った．

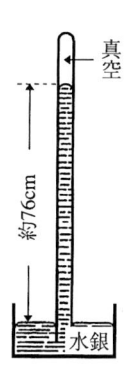

図 4.6　トリチェリの真空

4.12　内部エネルギー

式 (4.22) から，N 個の気体分子の運動エネルギーの総和を U とすると，

$$U = N \cdot \frac{m\overline{v^2}}{2} = \frac{3}{2} \cdot \frac{NRT}{N_A} = \frac{3}{2}nRT \tag{4.34}$$

である．この U のことを「**内部エネルギー**」とよぶ．「内部」と付けたのは，次のような意味である．気体の入った箱全体を動かしたり，高い所にのせたりすると，箱と気体の全体がもっているマクロ（巨視的）な運動エネルギーや位置エネルギーは変る．これは全体の重心のもつエネルギーだと思ってよい．しかし，重心運動を差し引いた，箱の中の分子のもっているミクロ（微視的）なエネルギーだけを考えると，箱の動きや位置とは無関係である．これが式 (4.34) で与えられる内部エネルギーである．

　理想気体の内部エネルギーとしては，式 (4.34) のような気体分子の運動エネルギーしかない．しかし，上の考えを拡張すると，もっと複雑な形をした分子の回転や振動などによるエネルギー，あるいは液体や固体についても，それを構成する分子がお互いに力を及ぼしあっているために生じる位置エネルギーなどを考えることができる．このようなエネルギーは，物体が全体として運動していることによる運動エネルギーや，物体全体がある高さにあることによる位置エネルギーとは別のエネルギーであり，それらをすべて「内部エネルギー」とよぶ．例えば，同じ質量の 2 個のボールが同じ速さで，同じ高さの所を落下していれば，ボールのもつマクロな運動エネルギーも位置エネルギーも同じだが，一方のボールの温度が高く他方のボールが冷たければ，前者のボールの方が内部エネルギーが大きいことになる．

4.13　熱力学第 1 法則

　これまでに学んだことから，熱が関係する現象を扱うときには，力学的エネルギーだけを考えたのでは不十分であることがわかる．つまり，第 3 章で学んだような力学的エネルギー保存則は，必ずしも成り立たない．しかし，そのような場合でも，仕事や熱，内部エネルギーなど，関係するエネルギーをすべて考慮に入れると，その総和は保存しており，増えも減りもしないと考えられており，このことを「**エネルギー保存則**」とよんでいる．エネルギー保存則は私たちが知っている保存則の中でも，もっとも基本的で重要なものであり，少なくとも，これまでの私たちの経験や，ありとあらゆる実験事実からは，このエネルギー保存則に矛盾するような事例は一つもない．

いま，物体全体としてのマクロな力学的エネルギーの変化は考えず，内部エネルギーだけを考えると，エネルギー保存則は

$$\Delta U = Q + W \tag{4.35}$$

と書くことができる．ただし，ΔU は内部エネルギーの変化分，Q は外からもらった熱エネルギー，W は外からされた仕事である．つまり，外から熱をもらったり，正の仕事をされたりすると，内部エネルギーはその分だけ増加する．また外に熱を与えたり（Q はマイナスになる），外に正の仕事をしたり（W はマイナスになる）すると，内部エネルギーは減少する．式 (4.35) の関係式のことを，「**熱力学第 1 法則**」とよんでいる．

ここで，「気体が外にする」仕事を考えてみよう．これは符号を変えれば「気体が外からされた仕事」になる．図 4.7 のような一端の閉じた太さ（断面積）S の円筒（シリンダー）の中に，体積 V，圧力 p の気体が入っており，円筒の他端には自由に動くことができるふたがしてあるとする．気体がふたに及ぼしている力は pS だから，この力でふたが押されて Δx だけ右に動いたとすると，そのときに気体のした仕事，すなわち「力 × 距離」は $pS \cdot \Delta x$ である．ところが，$S \cdot \Delta x$ はふたが動いたことによる気体の体積の増加 ΔV である．したがって，$p\Delta V$ が気体のした仕事になり，$W = -p\Delta V < 0$ である．体積が減少した場合には，$\Delta V < 0$ となり，$W = -p\Delta V > 0$ が外からされた仕事になる．

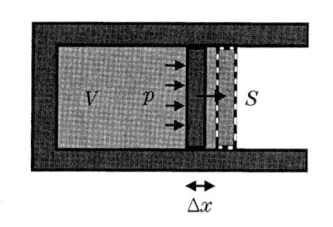

図 4.7　円筒内の気体が外にする仕事

4.14 理想気体のさまざまな変化

体積や温度，圧力，内部エネルギーなどは物体の状態を表す量で，これらの値は状態が与えられれば決まる量であり，「状態量」とよばれる．物体の状態が変化するとき，関係する状態量を縦軸と横軸にとったグラフで表すと便利である．図 4.8 は温度をある値にしたときの気体の圧力と体積との関係を表すボイルの法則を描いた図である．

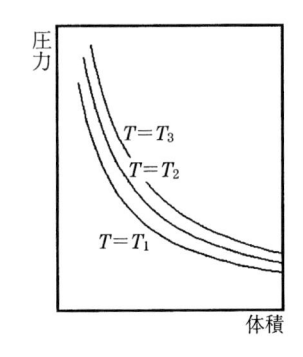

図 4.8 ボイルの法則を表すグラフ

一般に物体の状態を変化させたときに，状態量が実際にどのように変わるかを知ることは難しい．しかし理想気体の場合には，これまでに得られた関係式から，さまざまな変化の様子を調べることができる．理想気体の状態をさまざまな条件の下で変化させたときどうなるかを見てみよう．

[等温変化]

温度を一定に保ちながら変化させる場合である．この場合には，ボイル・シャルルの法則 (4.19) の右辺は一定だから，圧力 p と体積 V は反比例して変わる．また，式 (4.34) の右辺が一定だから，内部エネルギーは変化しない．つまり

$$\Delta U = 0 \tag{4.36}$$

である．したがって，式 (4.35) から

$$Q + W = 0, \quad \text{あるいは} \quad Q = -W \tag{4.37}$$

すなわち，外から熱をもらえばその分だけ外にした仕事をし，あるいは外から仕事をされればその分だけ外に熱を与えないと，温度を一定に保つことができない．

[断熱変化]

図 4.7 の円筒の壁やピストンが熱をほとんど伝えない断熱材でできていて，変化の前後や途中でも熱の出入りはない場合である．この場合には $Q = 0$ だから，式 (4.35) は

$$\Delta U = W \tag{4.38}$$

となる．つまり，外から正の仕事をされれば内部エネルギーが増加して温度が上がり，外に正の仕事をすると内部エネルギーは減少して温度が下がる．したがって，気体が断熱的に膨張する（断熱膨張）と温度が下がり，断熱的に圧縮される（断熱圧縮）と温度が上がる．

[定積変化（等積変化）]

体積が一定で変わらないような変化の場合である．この場合には，気体は外に仕事をしないので，$W = 0$ であり，したがって

$$\Delta U = Q \tag{4.39}$$

つまり，外との熱のやりとりは，すべてそのまま気体の内部エネルギーの増減になる．外から熱をもらうと内部エネルギーが増加するので温度が上がり，外に熱を与えると内部エネルギーが減少するので温度が下がる．

[定圧変化（等圧変化）]

圧力が一定で変わらないような変化の場合である．例えば，図 4.7 でピストンが自由に動けるとすると，気体の圧力を変化させようとしても，その分だけピストンが移動するので，気体の圧力はたえず外と同じに保たれる．ピストンが移動した分は，外にした仕事，あるいは外からされた仕事になる．

気体に熱を加えた場合，式 (4.35) から，外部にした仕事 $-W$ と加えた熱 Q の差 $Q - (-W)$ だけ内部エネルギーは増加する．

4.15 サイクルと熱機関

前節のような変化をいくつか組み合わせると，最初と最後で気体の状態がまったく同じであるようにすることができる．つまり，気体に一連の変化を

させたのち，最後には元の状態に戻るようにしてやることができる．このような一連の変化を「**サイクル**」とよぶ．

図4.9は簡単なサイクルの例である．この例では，まず体積一定のまま圧力を上げて，状態Aから状態Bへ移る．A→Bの過程は定積変化である．次に圧力一定に保ちながら体積が大きくなって，状態Bから状態Cに移る．B→Cの過程は定圧変化である．さらに体積一定のまま圧力を下げて，状態Cから状態Dへ移る．C→Dの過程は再び定積変化である．最後に圧力一定に保ちながら体積を減少させて，状態Dから状態Aに移る．D→Aの過程は定圧変化である．このようにA→B→C→D→Aという一連の変化をして，気体は最初のAと同じ体積，圧力の状態に戻る．

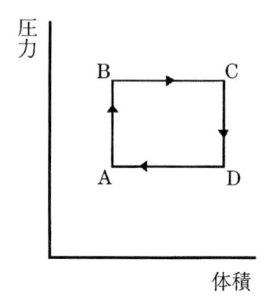

図4.9 簡単なサイクルの例
A→B，C→D は定積変化，B→C，D→A は定圧変化で，A→B→C→D→A という変化をして，気体は最初の状態 A に戻る．

　エンジンやタービンなどは，自分自身は繰り返し何回も元の状態に戻り，その間に軸を回転させたり，ピストンを動かしたりして仕事をしている．つまり，サイクルによって熱を仕事にかえている．このようなものを「**熱機関**」とよんでいる．逆に，冷蔵庫やクーラーなどの冷凍機は，外から仕事をして熱を運んでいる．模式的に示すと，熱機関と冷凍機は図4.10のように表すことができる．

4.15 サイクルと熱機関

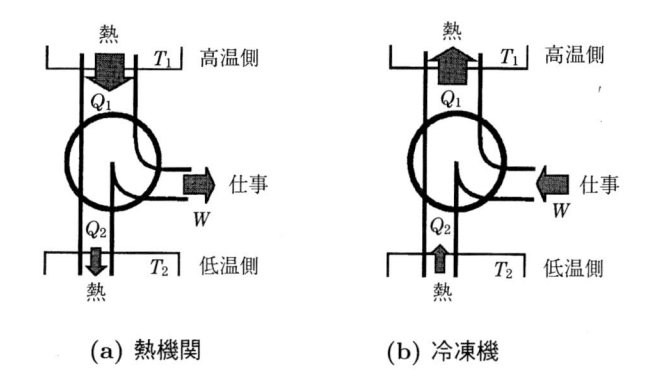

(a) 熱機関　　　　**(b) 冷凍機**

図 4.10 模式的に表した熱機関と冷凍機

熱機関では温度の高いところから熱 Q_1 を受け取って，その一部を仕事 W に変え，残り Q_2 を廃熱として温度の低いところに捨てる．冷凍機では外からの仕事 W によって熱 Q_2 を温度の低いところから汲み上げ，温度の高いところに $Q_1 = Q_2 + W$ を運ぶ．

熱機関の効率は，受け取った熱エネルギーのうちのどれだけを仕事に変えたかで表すことができる．効率を e とすると

$$e = \frac{W}{Q_1} = \frac{Q_1 - Q_2}{Q_1} \tag{4.40}$$

である．同じように考えると，冷凍機の効率は

$$e = \frac{Q_2}{Q_1} = \frac{Q_1 - W}{Q_1} \tag{4.41}$$

となるが，ふつうは

$$e' = \frac{Q_2}{W} = \frac{Q_2}{Q_1 - Q_2} \tag{4.42}$$

という量を使って，これを成績係数とよんでいる[*19]．

熱機関の場合，もし受け取った熱エネルギー Q_1 のすべてを仕事 W に変えることができれば，その効率は 100 %になる．このとき $W = Q_1$ で，熱はすべて仕事に変わり，廃熱 Q_2 は 0 である．それなら，海の水から熱を全

[*19] 熱や仕事は，どちら向きをプラスにとるかによって符号が変わるので，場合によっては，これらの量は絶対値をとる必要がある．

部絞り取って仕事に変え，最後に絶対 0 度になった氷を捨てればよい．同様に，冷凍機の場合，外から何も仕事せずに熱が温度の低い方から高い方に流れてくれれば，その効率は 100 % になる．このとき，$W = 0$ で $Q_1 = Q_2$ である．つまり，これは電気代がただの冷蔵庫である．こんなうまい話は本当にあるのだろうか？

4.16 熱の特殊性，不可逆変化

　熱はエネルギーの一種であるが，第 1 章で学んだ力学的エネルギーとは大きく違う点がある．力学的エネルギーの場合，例えばボールを上に投げ上げると，最初にもっていた運動エネルギーが位置エネルギーに変わり，最高点に達した後は，またそれが運動エネルギーに変わる，というように，運動エネルギーと位置エネルギーは自由に入れ替わることができた．

　しかし力学的エネルギーが熱エネルギーに変わると，それがまた力学的エネルギーに変わる，ということは，ひとりでには起らない．例えば，斜面を滑り降りてきた物体が，面との間の摩擦のために止まったとしよう．このとき，物体がもっていた運動エネルギーは摩擦熱となって熱エネルギーに変わる．しかし，斜面に止まっている物体をいくら熱しても，物体が斜面を登り始めるというようなことは起らない．エネルギー保存則を破っている訳ではないのに，逆向きの変化が起こらないのはどうしてだろうか．

　この例に限らず，私たちの身の回りで起ることは，ほっておくとある方向にしか進まないのが普通である．お湯に氷を入れると氷は解けてお湯はぬるい水になる．しかし，水をほっておくと，ひとりでに氷ができて残った水がお湯になる，などということは起らない．図 4.7 のような円筒の左半分に気体を閉じこめておいてから，ふたを右端まで動かすと，気体はすぐに円筒全体に広がって体積は 2 倍になる．逆に円筒全体に広がっていた気体が，ほっておくと，ひとりでに左半分に集まって右半分は真空になる，ということは起らない．このように，ひとりでにはある方向にしか進行せず，逆向きには進まない変化を「**不可逆変化**」とよんでいる．不可逆変化とは「ひとりでには逆向きに進まない」というだけで，場合によっては何らかの操作を行って

強制的に逆向きに進ませることも可能である．

4.17 熱力学第2法則

不可逆過程や永久機関についての考察から，いろいろな法則が提唱されたが，これらの法則は実は同じ内容であることが証明され，今では「**熱力学第2法則**」としてまとめられている．

昔から多くの人々が「**永久機関**」を作ろうと夢見て，さまざまな工夫が試みられてきた．これらの永久機関の多くはエネルギー保存則，あるいは熱力学第1法則に反しているので，実現不可能である．このような永久機関を「第1種の永久機関」とよんでいる．他方，エネルギー保存則は満たしていても，どうしても実現できない永久機関もあった．これらは「第2種の永久機関」とよばれる．例えば，4.15節の終わりに述べたように，海水から熱を奪って仕事に変えて船を動かし，残った氷を海に捨てれば，実際上ほとんど無限の動力を手に入れたことになる．しかし，熱は温度の高い側から低い側に流れ，図4.10(a)のようにその一部を使って仕事をすることができるだけで，あるところから一方的に熱を奪うことはどうしてもできなかった．言いかえれば，効率100％の熱機関を作ることはできなかった．

熱力学第1法則が熱エネルギーを含めたエネルギーの間の量的関係について述べているのに対して，不可逆変化の起こる向きについて述べているのが熱力学第2法則である．その表現にはいろいろあるが，

(1) 1つの熱源だけを利用して，それから熱を取り，その熱すべてを仕事に変えるサイクルをもつ熱機関はできない．[トムソンの表現]

(2) 外部に何の変化も残さずに，熱を温度の低い側から高い側に移すサイクルは存在しない．[クラウジウスの表現]

(3) 第2種永久機関は存在しない．[オストワルドの表現]

などがよく知られている．

これは一種の経験則であり，どうしてそうなるかということについては何も述べていないし，また，物理学で学ぶ他の法則と大きく違って，数式で表

されない．なぜこのような法則が成り立つのか，それらがどのような意味をもっているのか考え，ついに数式による表現にたどりついたのがボルツマンである．その説明のための2つのキーワードは「でたらめ（ランダム）」と「多数」である．

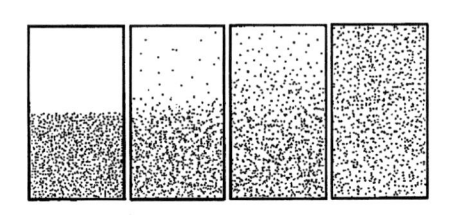

図 4.11　気体分子の拡散が不可逆である理由

たくさんの気体分子がランダムに動き回っていると，たまたますべてが揃って下向きに動く確率は0に近い．すると，時間とともに，図の右から左に移り変る可能性はゼロといってよい．反対に，左端のような状態を作ってやっても，ランダムに動きまわっている気体分子はすぐに右側のような状態に移っていく．つまり，時間とともにこの図の左側 ⟶ 右側の向きには進むが，左側 ⟵ 右側の向きには進まない．

図4.11の例でボルツマンの考えを説明しよう．箱の中には気体分子が入っていて，でたらめに動きまわっている．この分子がすべて，たまたまいっせいに下向きに動くようなことがあれば，気体は下側に集まり，上半分は真空になるだろう．しかし，気体分子の数はアボガドロ数を単位として計らなければならないほど多数である．それほど多数の分子がランダムに動きまわっているとき，たまたま全部揃って下向きに動く確率はほとんどゼロに等しい．まずまちがいなく上向きの分子と下向きの分子がほぼ同数存在するだろう．すると，この図の右端のような状態から左側に向かって移り変わる可能性はまずゼロであろう．逆に左端の状態を作ってやっても，上向きの分子をなんらかの方法（ふたをするなど）で押さえ込まない限り，このままの状態に保っておくことはできず，右側の状態に移ってゆく．これが，気体はほっておくと容器いっぱいに広がる理由である．日常，空気の分子がいっせいにどちらかに動いて自分の周りが真空状態になることなど心配しないで暮らせ

るのも，そのおかげである．

坂の途中で止まった物体の場合も同様である．もし，この物体を熱して温度が上がり，物体の中で分子が激しく振動するようになっても，その向きはばらばらである．もし，すべての分子が同じ方向に振動することがあれば，物体は坂の上に向かって動き出すかもしれないが，日本中の米粒の数よりもたくさんの分子がランダムに動いているとき，たまたますべての分子の動きが揃うことはまずない，と思っていいだろう．

ボルツマンはこれらの確率を「エントロピー」という量を用いて表現することに成功した．エントロピーとは，一言でいえば，でたらめさの程度である．ほっておけばエントロピーは必ず増える．私たちをとりまく自然現象は，でたらめさが増える方向にしか進まないのである．

第4章の問題

A

[理想気体とボイル・シャルルの法則]
1. 圧力を一定に保ったまま，理想気体の温度を $27°C$ から $177°C$ に上げると，体積は何倍になるか．
2. 室温（$27°C$）における気体分子1個の運動エネルギーは何Jか．

[比熱，熱容量]
3. $0°C$ の水 $10\,kg$ の温度を $80°C$ に上げるには，どれだけの熱を与えればよいか．
4. 質量 $4\,kg$ の鉄の温度を $120°C$ 上げるのに必要な熱量はいくらか．ただし，鉄の比熱を $450\,J/(kg·K)$ とする．

[アボガドロ数と分子・原子]
5. 室温（$27°C$）の気体 $1\,m^3$ の中には，およそ何個の分子があるか．

6. 原子量 208 の鉛の原子 1 個の質量は何 kg か.

[大気と真空]
7. 17 インチテレビの画面の大きさは，およそ 32.5 cm×24.5 cm である．この面に掛かっている大気の力はおよそ何 N か．それは質量何 kg の物体の重さに相当するか．ただし重力加速度の大きさ $g=10$ m/s^2 とする．
8. 海の中に潜ると，約 10 m ごとに 1 気圧ずつ圧力が上昇するという．その理由を説明せよ．

[内部エネルギーと熱力学第 1 法則]
9. 窒素ガス 140 g が 27°C でもっている内部エネルギーは何 J か．窒素の分子量を 28 とする．また，この窒素ガスを断熱的に圧縮したところ，温度が 227°C になった．圧縮するためにした仕事は何 J か．
10. 1×10^5 Pa の圧力の気体に 8 J の熱を与えたところ，圧力は変らずに膨張して，体積が 2×10^{-5} m^3 だけ増加した．このとき，気体の内部エネルギーはどれだけ増加したか．

[サイクル，熱機関，熱力学第 2 法則]
11. 図 3.11 のサイクルにおいて，A→B, B→C, C→D, D→A の過程のうち，外から熱を吸収するのは，どの過程か．また，外に熱を放出するのは，どの過程か．
12. 効率 25 % の熱機関がある．3000 J だけ熱を放出するとき，この熱機関は最大どれだけの仕事ができるか．

B

1. 0°C, 1 気圧の気体 1 mol の体積が 22.4 ℓ であるとして，気体定数 R を求めよ．
2. 0.50 mol の理想気体が温度 27°C に保たれ，その体積が 10 ℓ であるとき，その圧力は何気圧か．また，この気体の圧力をそのままに保ち，温度を 327°C に上げたときの体積を求めよ．

第 4 章の問題

3. 水の比熱を 4.2 kJ/(kg·K) で, 氷が水になるときの潜熱を 80 cal/g とするとき, 0°C の氷 5 kg が溶けて 10°C の水になるには, どれだけの熱を与えればよいか.

4. 質量 21 g の弾丸を速さ 200 m/s で 1 ℓ の水の中に撃ち込んで止める. 熱が他に逃げないとすると, 水の温度は何度上昇するか. ただし, 水の比熱を 4.2 kJ/(kg·K) とする.

5. 水の比熱は他の物質に比べて非常に大きい. この性質を利用したもの, あるいはこの性質と深い関係がある事柄を 3 つ述べて説明せよ.

6. 携帯電話に用いられている電波の周波数は 1.5 GHz, つまり 1 秒間に 1.5×10^9 回振動している. この電波がアボガドロ数と同じ数だけ振動するには何年かかるか.

7. 水 1 ℓ は何モルか. また, この中には何個の分子が含まれているか.

8. 水素分子 (H_2) 1 個の質量と, 27°C における平均の速さを求めよ.

9. 強制的に空気を排気してできる 10^{-5} Pa 以下の圧力の状態を, 超高真空とよんでいる. 10^{-5} Pa の超高真空において, 1 m^3 あたりおよそ何個の気体分子があるか.

10. 気圧 980 hPa の台風がくると, 海水面はおよそどれほど上昇するか.

11. 1 mol の理想気体に Q だけの熱を与えるとき, 体積が一定で変らないようにしてあると温度はどれだけ上昇するか. (これを定積モル比熱とよぶ.)

12. 上の問 11. で, 圧力が一定で変らないようにしておくと, 同じだけの温度上昇をさせるのに, より多くの熱が必要になる. その理由を考えよ.

13. 成績係数 5 の冷却機が 1 回のサイクルで 120 J の熱を奪うとき, 1 回ごとに必要な仕事と, 放出する熱はいくらか.

14. 永久機関の例を挙げ, それがどうして現実にはあり得ないか説明せよ.

15. 床に物体を落とすとその運動エネルギーは熱や音のエネルギーになるが, 床の上に静止している物体を熱しても, 上に上がっていくことはない. その理由を分子運動の立場から説明せよ.

5

静 電 場

5.1 電 荷

　物と物をこすり合わせたときに発生する静電気はやっかいなものである.しかし,そもそも静電気とは何であろうか.この静電気に関する研究は,紀元前600年頃のターレスから始まり,1600年頃のギルバート,ゲーリッケなどによって体系づけられていった.現在では,物体を摩擦することによって,その物体に**電荷**を生じ,その電荷が引き起こす現象と考えられている.

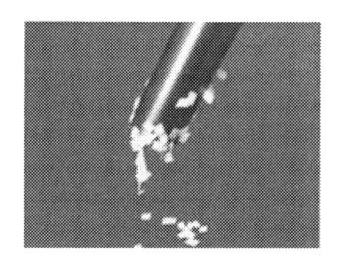

図 5.1 こすったエボナイト棒に紙が引き寄せられる

　電荷が物体に生じることを**帯電**するといい,帯電した物体を**帯電体**という.帯電体の大きさが無視できるほど小さいとした場合には**点電荷**という.また,帯電した電荷の量を**電気量**という.

　電荷には,正(プラス)と負(マイナス)の2種類がある.物体中にある正電荷の量と負電荷の量が等しく,両方とも均等に分布していれば,全体として電荷は打ち消しあい,マクロに見るとその物体は電気的に中性となる.また,物体間に電荷の移動があっても,全体としてみると電荷の総量は常に一定に保たれる.これを**電荷の保存則**という.

　異種類の電荷は互いに引き合い,同種類の電荷は互いに反発する.電荷の間にはたらくこの力を**静電気力**(**クーロン力**)という.

5.2 静電誘導と誘電分極

　物質を大きく2種類に分けると，電気をよく伝える**導体**と，ほとんど伝えない**絶縁体**(不導体)がある[20]．多くの金属は導体であるが，これは金属内に自由に移動することのできる電子(**自由電子**)が存在し，この自由電子の移動によって電気が伝えられるためである．

　図5.2のように，正に帯電した物体を帯電していない金属に近づけると，金属内の自由電子は帯電体に引き寄せられて移動する．その結果，金属の表面には帯電体に近い側に帯電体と異種の電荷が現れ，帯電体から遠い側に同種の電荷が現れることになる．このような現象を**静電誘導**という．

　一方，ゴム，ガラス，ナイロン，エボナイト，陶磁器などは絶縁体であり，電気を伝える電子は原子や分子に束縛されているために，自由電子は存在しない．これらの絶縁体に帯電体を近づけると図5.3に示すように原子や分子内で電子がわずかにずれ，帯電体に近い側には帯電体と異種の電荷が，遠い側には同種の電荷が現れるようになる．しかし，絶縁体の内部では正負の電荷が隣り合っているので，互いに打ち消しあい，絶縁体の両端面だけに分極によって生じた電荷が現れる．このような現象を**誘電分極**という．

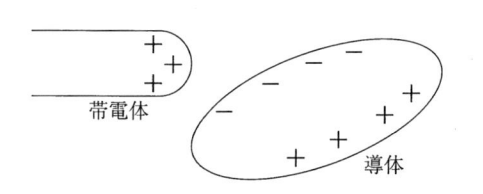

図 5.2　静電誘導 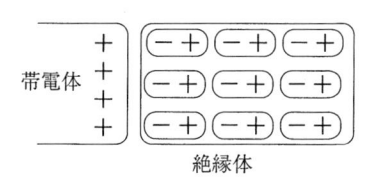　　　　**図 5.3　誘電分極**

---

[20]　この他に，両者の中間の性質を示すものや，ある方向にだけ電気を伝えるものなどがある．

5.3　クーロンの法則

　クーロンは，図5.4のような装置により電荷(点電荷)の間にはたらく力を測定し，帯電体の電荷の間にはたらく力は，帯電体の電荷や帯電体間の距離に関係していることを見出した．これによると，電気量 Q_1, Q_2 の2つの帯電体の間には，両者を結ぶ直線の方向に静電気力 F がはたらく．帯電体間の距離を r とすると，

$$F = k\frac{Q_1 Q_2}{r^2} \tag{5.1}$$

の関係がある．ここで，k は比例定数である．これを**静電気力に関するクーロンの法則**という．ただし，2つの点電荷が同符号の場合には力は斥力，異符号の場合には引力となり，図5.5(a)，(b)で示した向きにはたらく．このように，クーロン力も他の力と同じように，大きさと向きをもつベクトル量である．したがって，1つの点電荷がまわりのいくつかの点電荷から力を受けるときには，おのおのの点電荷から受ける力をベクトルとし

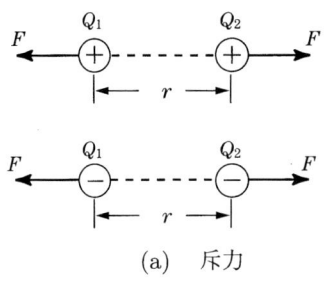

クーロン（1736-1806）

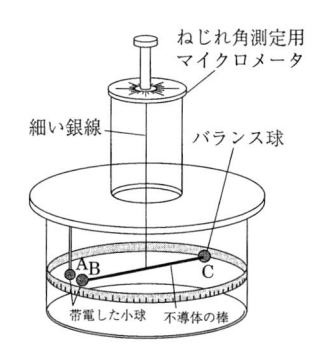

図5.4　クーロンのねじればかり
小球 A，B に電荷をあたえると，静電気力により糸はねじれる．そのねじれの角から A，B 間の静電気力の大きさをもとめる．

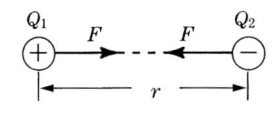

(a)　斥力　　　(b)　引力

図5.5　クーロン力のはたらく向き

て加えないといけない．

真空中で等量の電荷を，1 m 離しておいたときに，それらの間にはたらく力が 8.99×10^9 N となるような電気量を **1 クーロン** (記号 **C**) という[*21]．このように電荷の単位をとると，真空中での比例定数 k を k_0 と書くと，k_0 の値は，

$$k_0 \fallingdotseq 8.99 \times 10^9 \text{ N} \cdot \text{m}^2/\text{C}^2$$

となる．また，歴史的な理由から，しばしば，

$$k_0 = \frac{1}{4\pi\varepsilon_0} \tag{5.2}$$

と書くことがある．ここで，ε_0 は**真空の誘電率**とよばれ，$\varepsilon_0 \fallingdotseq 8.85 \times 10^{-12}$ C^2/(N·m^2) である．今後，この本では真空中でのクーロンの法則の比例定数として $\frac{1}{4\pi\varepsilon_0}$ を用いる．したがって，式 (5.1) は

$$F = \frac{1}{4\pi\varepsilon_0} \cdot \frac{Q_1 Q_2}{r^2} \tag{5.3}$$

と書き表される．

陽子と電子はそれぞれ正の電荷 $+e$，負の電荷 $-e$ をもっている．その値は，$e \fallingdotseq 1.602 \times 10^{-19}$ C であり，これを**電気素量**という．

5.4 電 場

式 (5.1) では 2 つの電荷 Q_1, Q_2 の間には直接静電気力がはたらくと考えた．これを次のように考え直してみよう．つまり，はじめに電荷 Q_1 をもってくると，そのまわりの空間が静電気力を及ぼす性質をもった空間に変わり，別の電荷 Q_2 をこの空間にもってくると，Q_2 はこの空間から力を受けることになる．このように，なんらかの理由で性質が変わり他のものに力を及ぼすようになった空間を**場**とよび，その力が電気的な力である場合には**電場**という．特に時間的に変動しない電場のことを**静電場**とよぶ．

[*21] この単位の定義は後で述べる．

このように考えたとき，電場の中のある点におかれた正電荷 Q_2 が受ける静電気力を $\vec{F}$ とすると，$\dfrac{\vec{F}}{Q_2}$ を電場ベクトル (または電場) といい，$\vec{E}$ で表す．

$$\vec{E} = \frac{\vec{F}}{Q_2} \tag{5.4}$$

電場の中に1Cの電荷をおいたときの電場ベクトルの大きさ E を**電場の強さ**という．また，$\vec{E}$ の向きを**電場の向き**という．式 (5.4) から電場の強さの単位は [N/C] である．

正電荷 Q_1[C] から r[m] 離れた点に正電荷 Q_2[C] をおくと，正電荷 Q_2[C] が受ける静電気力の大きさ F[N] は，式 (5.3) であるから，この点の電場の強さ E[N/C] は，式 (5.4) より，

$$E = \frac{1}{4\pi\varepsilon_0} \cdot \frac{Q_1}{r^2} \tag{5.5}$$

となる．電場の向きは図 5.6 に示すように放射状である．

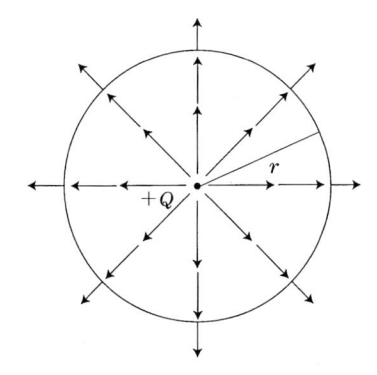

図 5.6　正の点電荷のまわりの電場

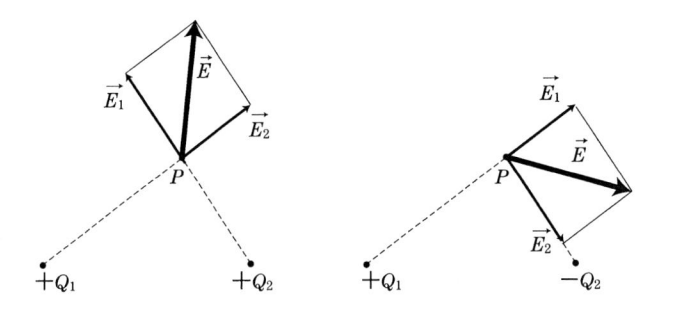

図 5.7　2 つの電荷が点 P につくる電場

図 5.7 のように，空間の2点に電荷 Q_1, Q_2 があるとき，このまわりの任意の点 P における電場は，電荷 Q_1 が点 P につくる電場 $\vec{E_1}$ と電荷 Q_2 が点

5.5 電気力線とガウスの法則

Pにつくる電場 $\vec{E_2}$ をベクトル的に合成して得られる.

$$\vec{E} = \vec{E_1} + \vec{E_2} \tag{5.6}$$

5.5 電気力線とガウスの法則

電場中におかれた電荷にはたらく静電気力の方向に正電荷(この電荷を試験電荷という)を少しずつ移動させていくと,1本の曲線が得られる.このような曲線を**電気力線**という.図5.8には正および負の1個の電荷による電気力線と,正負1対の電荷による電気力線を示してある.この曲線は,電場のようすを示すための曲線であるが,次のような性質をもっている.

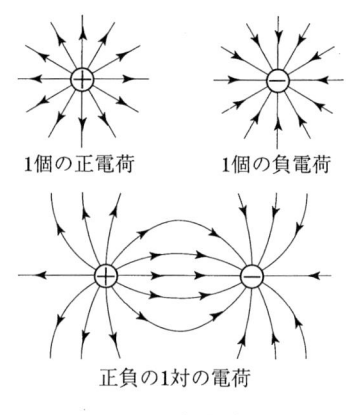

図 5.8 電気力線の例

(1) 電気力線は,正電荷から出て負電荷に入るか,または無限の遠方まで伸びる.
(2) 電気力線上の各点で引いた接線の方向は,その点での電場の方向に一致する.
(3) 電気力線は,電荷のないところで交わったり,途中で枝分かれすることはない.

次に,電場中における電気力線によって電場の強さを表すために,電気力線の密度と電場の強さとの関係を定める.電気力線に垂直な平面を考え,電場の強さが $1\,\mathrm{N/C}$ のときに,その面を通る電気力線の数が $1\,\mathrm{m}^2$ あたり1本となるように決めておく.すると,電場が $E[\mathrm{N/C}]$ のときに,電場に垂直な面積 $S[\mathrm{m}^2]$ を貫く電気力線の数 $N[\mathrm{Nm}^2/\mathrm{C}]$ は,

$$N = ES \tag{5.7}$$

となる.

5. 静電場

式 (5.5) と図 5.6 で示したように，正電荷 Q[C] から距離 r[m] 離れた点での電場の強さは $\dfrac{Q}{4\pi\varepsilon_0 r^2}$ であり，半径 r[m] の球面上ではどこでも電場の強さは等しい．したがって，この球の表面 $(S = 4\pi r^2)$ を貫く電気力線の総数は，

$$N = ES = \frac{Q}{4\pi\varepsilon_0 r^2} \times 4\pi r^2 = \frac{Q}{\varepsilon_0} \tag{5.8}$$

となる．この結果は r に無関係になり，球をどんなに小さくとっても，式 (5.8) が成り立ち，Q[C] の電荷から出る電気力線の総数が $\dfrac{Q}{\varepsilon_0}$ であることを示している．

いま，ある正電荷 Q を含んだ閉曲面（Q の周りを囲む閉じた袋のような曲面）を考えると，この閉曲面がどのようなものであっても，そこを通って外へ出ていく電気力線の総数は球の場合と同じになり，電荷 Q から出る電気力線の総数 $\dfrac{Q}{\varepsilon_0}$ に等しくなる．

すると，ある閉曲面 S の中に正負の電荷がいくつか入っているときには，閉曲面から外に出ていく電気力線の数を正，閉曲面の中に入ってくる電気力線の数を負として数えると，

$$\text{S から出ていく電気力線の総数} = \frac{\text{S の内部の電荷の総和}}{\varepsilon_0}$$

という関係が得られる．

以上の関係を積分を使って表現してみよう．図 5.9 のように，面 S をたくさんの微小面積 ΔS_i に分割する．電気力線と微小面積 ΔS_i の法線方向 $\overrightarrow{\Delta S_i} = \overrightarrow{n_i}\Delta S_i$（$\overrightarrow{n_i}$ は ΔS_i の面に垂直な大きさ 1 のベクトル）とのなす角を θ_i とすると，ΔS_i を通過する電気力線の数 ΔN_i は，

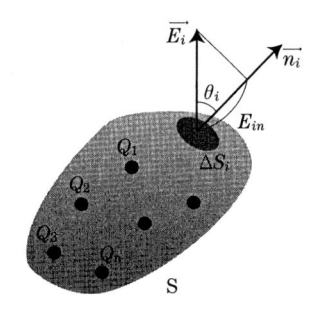

図 5.9 ガウスの法則

5.5 電気力線とガウスの法則

$$\Delta N_i = E_i \Delta S_i \cos\theta_i = E_{in}\Delta S_i = \vec{E_i}\cdot\Delta\vec{S_i} = \vec{E_i}\cdot\Delta\vec{n_i}\Delta S_i \tag{5.9}$$

となる．ただし，E_{in} は E_i の法線成分である．これを曲面 S の全体にわたってたし合わせれば，

$$N = \lim_{\Delta S \to 0}\sum_i \vec{E_i}\cdot\Delta\vec{S_i} = \int_S \vec{E}\cdot\mathrm{d}\vec{S} = \int_S \vec{E}\cdot\vec{n}\,\mathrm{d}S \tag{5.10}$$

と書ける．この式の中の $\int_S$ は曲面 S の全面にわたって加え合わせるという意味である．S が閉曲面であるとすると，S から出ていく電気力線の総数は，閉曲面 S の内部の全電荷を ε_0 で割ったものに等しいので，

$$\int_S \vec{E}\cdot\mathrm{d}\vec{S} = \int_S \vec{E}\cdot\vec{n}\,\mathrm{d}S = \frac{1}{\varepsilon_0}\sum_{j=1}^{m} Q_j \tag{5.11}$$

と表される．これを**ガウスの法則**という．

ガウスの法則の応用として，一様に電荷が分布した球による電場がどうなるかを考えてみよう．

電気力線は図 5.10 で示したように球面に垂直で放射状の直線となり，球対称になる．中心から半径 a の球の内部に電荷 Q が一様に分布しているとする．これに，半径 $r(>a)$ の球面を閉曲面としてガウスの法則を適用すると，中心から距離 r の点における電場の強さ E は，

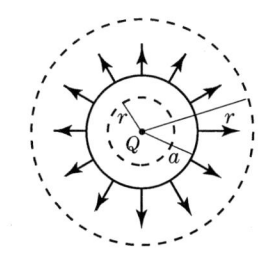

図 5.10 一様に帯電した球

$$E = \frac{\text{電気力線の総数}}{\text{球の表面積}} = \frac{\dfrac{Q}{\varepsilon_0}}{4\pi r^2} = \frac{1}{4\pi\varepsilon_0}\cdot\frac{Q}{r^2} \tag{5.12}$$

となる．すなわち，球外 $(r > a)$ の電場の強さは，電荷 Q が球の中心点に集中している場合と同じになる．

球面上 $r = a$ では，電場の強さは，

$$E = \frac{1}{4\pi\varepsilon_0}\frac{Q}{a^2} \tag{5.13}$$

となる．球の表面積 $S[\mathrm{m}^2]$ は $4\pi a^2$ であるから，単位面積当たりの電荷を $\sigma\left(=\dfrac{Q}{4\pi a^2}\right)[\mathrm{C/m}^2]$ とすると，式 (5.13) は，

$$E = \frac{\sigma}{\varepsilon_0} \tag{5.14}$$

と表される．

次に，球の内部を考える．上と同様に球の内部に半径 $r(< a)$ の球面を閉曲面としてガウスの法則を適用すればよいのであるが，球内には電荷が一様に分布しているから，閉曲面内の電荷 Q' は r を半径とする球の体積に比例するので，

$$\frac{Q'}{Q} = \frac{\dfrac{4\pi r^3}{3}}{\dfrac{4\pi a^3}{3}} \tag{5.15}$$

という関係が成り立ち，

$$Q' = \frac{r^3}{a^3}Q \tag{5.16}$$

となる．したがって，半径 r の球面を閉曲面としてガウスの法則を適用すると，

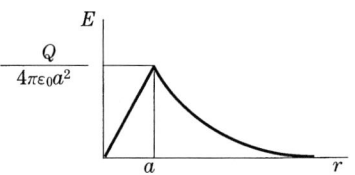

$$E = \frac{1}{4\pi\varepsilon_0}\frac{Q'}{r^2} = \frac{Qr}{4\pi\varepsilon_0 a^3} \tag{5.17}$$

図 **5.11** 一様に電荷が分布した球による電場

となる．結局この場合の電場は図 5.11 のようになる．

次に，一様に電荷が分布した無限に長い円柱による電場を考えてみる．

電気力線は図 5.12 に示したように円柱面に垂直で放射状の直線となる．軸方向の単位長さあたりの電荷を $\rho[\mathrm{C/m}]$ とする．円柱と同心で半径 $r(>a)$，高さ ℓ の円筒面を考えると，この部分の電荷の総量は $\rho\ell$ となる．円筒面の底面は電場と平行であるために，両底面を貫く電気力線は存在しない．側面積は $2\pi r\ell$ なので，円柱の中心軸から半径 r の点における電場の強さは，

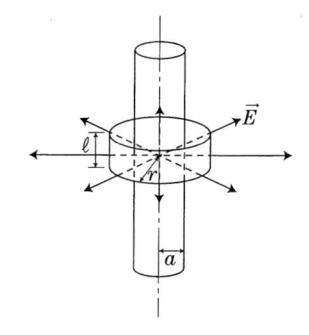

図 5.12　一様に電荷が分布した無限に長い円柱

$$E = \frac{\text{電気力線の総数}}{\text{円筒の側面積}} = \frac{\frac{\rho\ell}{\varepsilon_0}}{2\pi r\ell} = \frac{\rho}{2\pi r\varepsilon_0} \tag{5.18}$$

となる．ここで，円柱面の側面積 $S[\mathrm{m^2}]$ は $2\pi a\ell$ であるから，円柱表面における単位面積当たりの電荷は $\sigma = \dfrac{\rho\ell}{2\pi a\ell}\,[\mathrm{C/m^2}]$ となり，式 (5.18) は $r=a$，すなわち円柱表面において，

$$E = \frac{\sigma}{\varepsilon_0} \tag{5.19}$$

と表される．

$r < a$ の場合は，半径 r の円柱内に存在する電荷量を求めればよい．

5.6　電位と電位差

図 5.13 に示すように，一様な電場 $\vec{E}$ の中で，静電気力に逆らって試験電荷 $q[\mathrm{C}]$ を点 O から点 A まで外力を加えて運ぶときに外力がする仕事 W を考える．点 O から点 A までの道のりを微小な距離 Δr_i に分割して，各点における電場を E_i とし，電場 E_i の向きは Δr_i に対して角 θ_i をなすとすると，q を距離 Δr_i だけ運ぶために必要な仕事 ΔW_i は，

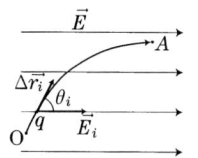

図 5.13　電荷 q を点 O から点 A まで外力を加えて運ぶ

$$\Delta W_i = -qE_i\Delta r_i \cos\theta_i = -q\overrightarrow{E_i}\cdot\overrightarrow{\Delta r_i} \tag{5.20}$$

と表される．マイナスの記号がついているのは，電場に逆らって正電荷に外力を加えて運ぶ仕事を正としているためである．$\overrightarrow{\Delta r_i}$ を極めて短くとり，点Oから点Aまでの道のりにわたって加え合わせれば，

$$W = \sum_i \Delta W_i = -q\lim_{\Delta r\to 0}\sum_i \overrightarrow{E_i}\cdot\overrightarrow{\Delta r_i} = -\int_O^A q\overrightarrow{E}\cdot\mathrm{d}\overrightarrow{r} \tag{5.21}$$

となる．ここで，単位電荷あたりの仕事，すなわち1Cの電荷を運ぶための仕事を考えて，これを V_A と書くと，

$$\frac{W}{q} = -\int_O^A \overrightarrow{E}\cdot\mathrm{d}\overrightarrow{r} = V_A \tag{5.22}$$

と表される．これによって点Oを基準点とした点Aの**電位**を定める．単位は [Nm/C]=[J/C] であるが，これを**ボルト** (記号 **V**) とよぶ．一般に，基準点Oを無限遠にとり，無限遠での電位を0Vとする．

点Aと点Bの電位の差 $(V_B - V_A)$ をAB間の**電位差**，または**電圧**という．単位は電位と同じく [V] である．

$$V_B - V_A = -\int_O^B \overrightarrow{E}\cdot\mathrm{d}\overrightarrow{r} + \int_O^A \overrightarrow{E}\cdot\mathrm{d}\overrightarrow{r} = -\int_A^B \overrightarrow{E}\cdot\mathrm{d}\overrightarrow{r} \tag{5.23}$$

であり，$q[C]$ の電荷を点Aから点Bまで外力を加えて運ぶときに外力がする仕事は，

$$W = -\int_A^B q\overrightarrow{E}\cdot\mathrm{d}\overrightarrow{r} = q\,[V_B - V_A] \tag{5.24}$$

となる．この仕事 W は，電荷を運ぶときの経路によらず，2点の電位差だけで決まる．このような性質をもつ静電気力は，3章でも学んだように保存力である．

5.7 等電位面

電場のようすを電気力線で表したが，電位のようすを表すために**等電位面**を考える．等電位面とは電位の等しい点を連ねていったときにできる面の

5.7 等電位面

ことであり，この等電位面を多数描けば，図 5.14 に示すように電位のようすを目に見える形で表現することができる．

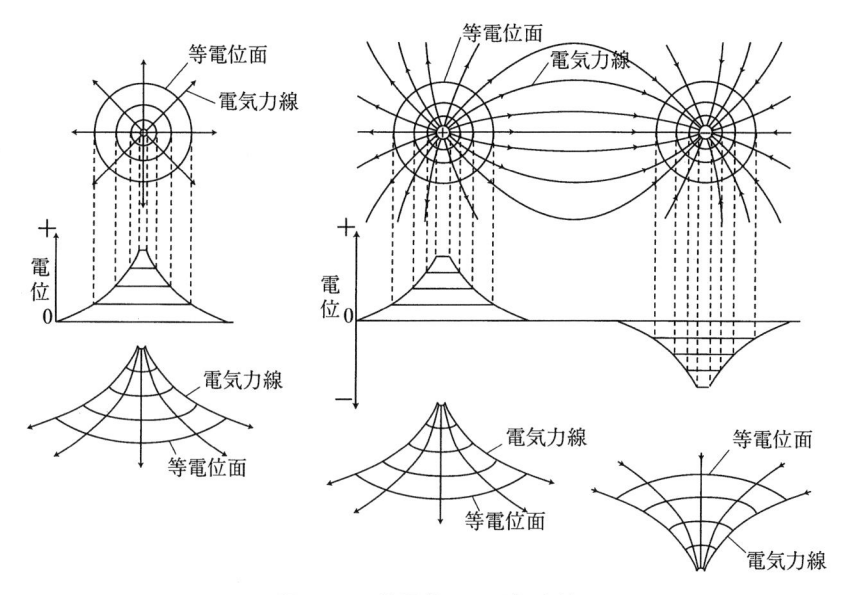

図 5.14 等電位面と電気力線

ここで，電気力線と等電位面との関係を考える．わずかに離れた 2 点 A，B の電位差 V は，2 点の位置ベクトルの差を $\Delta \vec{r}$ とすると，式 (5.23) から，

$$V = V_B - V_A = -\int_A^B \vec{E} \cdot d\vec{r} = -\vec{E} \cdot \Delta \vec{r} = -E\Delta r \cos\theta \quad (5.25)$$

と書ける．ここで，θ は $\vec{E}$ と $\Delta \vec{r}$ のなす角である．A，B として，図 5.15 に示すように等電位面上の 2 点をとると，$V_A = V_B$ だから

$$E\Delta r \cos\theta = 0 \quad (5.26)$$

となる．このとき，$E = 0$ または $\cos\theta = 0$ である．しかし，電場が 0 なら電気力線もない．電場のあるところでは θ は 90° で，

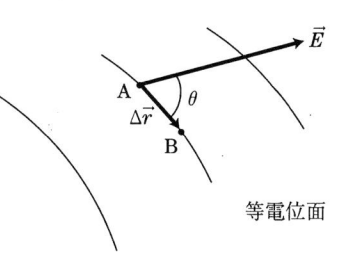

図 5.15 等電位面と電場

電場の方向と等電位面，すなわち電気力線と等電位面は垂直に交わることがわかる．

電場の単位として，これまで [N/C] を用いてきたが，式 (5.25) の関係を使うと [V/m] と書くこともできる．電位の単位は [V=N·m/C] であるから [V/m=N/C] となって，2つの単位は等しいことがわかる．

ここで，図 5.10 で示したような，半径 a の球の内部に電荷 Q が一様に分布している場合の電位を求めてみる．中心から距離 $r(>a)$ の点における電場の強さ E は式 (5.12) で与えられているから，式 (5.22) の点 O を無限遠にとり，球の中心から距離 r のところに点 A をとると，$r>a$ における電位は，

$$V_r = -\int_\infty^r \frac{1}{4\pi\varepsilon_0}\frac{Q}{r^2}\mathrm{d}r = \frac{1}{4\pi\varepsilon_0}\cdot\frac{Q}{r} \tag{5.27}$$

となる．球面上 $r=a$ では，電位は

$$V_a = -\int_\infty^a \frac{1}{4\pi\varepsilon_0}\frac{Q}{r^2}\mathrm{d}r = \frac{1}{4\pi\varepsilon_0}\frac{Q}{a} \tag{5.28}$$

となる．

半径 $r(<a)$ の球面の内部の電場は，式 (5.17) だったから，電位は，

$$\begin{aligned}V_r &= -\int_\infty^r \frac{1}{4\pi\varepsilon_0}\frac{Q}{r^2}\mathrm{d}r = -\int_\infty^a \frac{1}{4\pi\varepsilon_0}\frac{Q}{r^2}\mathrm{d}r - \int_a^r \frac{1}{4\pi\varepsilon_0}\frac{Qr}{a^3}\mathrm{d}r \\ &= \frac{Q}{8\pi\varepsilon_0 a^3}(3a^2 - r^2)\end{aligned} \tag{5.29}$$

となる．

5.8 導体と静電場

導体を電場の中におくと，静電誘導により導体中の電荷は電場から力を受けて図 5.16(a) のように導体の右側の表面に負電荷，左側の表面に正電荷が現れ，すぐに導体内部の電荷は移動しなくなる．移動しないということは，電荷は力を受けていない，つまり電場が 0 であるということである．このとき，導体内部に任意の閉曲面を考え，ガウスの法則を適用してみると，電場が 0 ということからその閉曲面内には電荷が存在しない．したがって，誘導

された電荷は表面のみにしか現れない．導体内部には表面に誘導された電荷によって外部の電場とは逆向きの電場が新たに生じ，外部の電場を打ち消すようになるため，導体内部の電場が 0 になる．

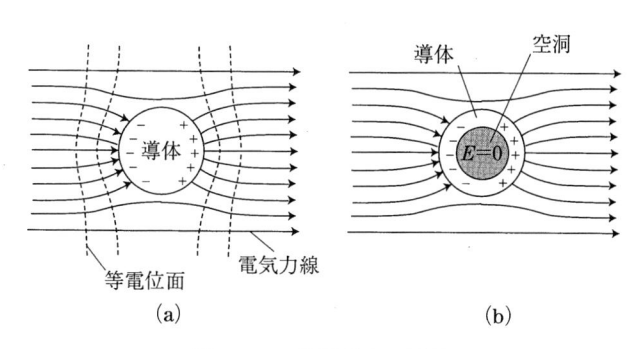

図 5.16　静電場中の導体

さらに，電場が 0 であるから，式 (5.25) によって電位が一定である．すなわち，導体の内部はどこをとっても等電位であり，導体表面は等電位面で，外部の電場は導体表面に対して垂直となる．また，導体内部の電場は 0 であるため，導体内部には電気力線が存在しない．

図 5.16(b) のように，導体内部が空洞になっている場合にも，空洞の電場は 0 となる．このように，空間を導体で囲むことによって，外部の電場をさえぎるはたらきを**静電しゃへい**という．

電場は導体表面に対して垂直となることはわかったが，それでは表面付近の電場の大きさはどうなるだろうか．

いま，導体表面に単位面積あたり $\sigma[\text{C/m}^2]$ の電荷があるとする．図 5.17 に示すように，導体面を垂直に貫く円柱を考える．円柱の両端面は導体面に平行にとる．この円柱の底面積を S とし，この円柱全体を閉曲面と考えて，ガウスの法則を適用する．電気力線は導体面に垂直であるから，円

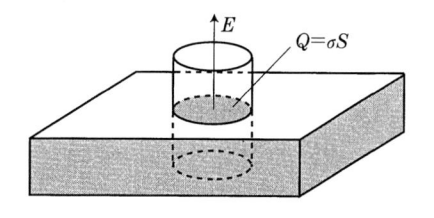

図 5.17　導体表面の電場

筒の側面を貫く電気力線は存在しない．また，導体内部には電場が存在しないので，円柱の底面を貫く電気力線はない．したがって，円柱の上面を通る電気力線の数だけを考えればよく，電場の強さは，

$$E = \frac{電気力線の総数}{円柱の上面の面積} = \frac{\frac{Q}{\varepsilon_0}}{S} = \frac{Q}{\varepsilon_0 S} \tag{5.30}$$

ここで，単位面積あたりの電荷が $\sigma [\text{C/m}^2]$ であるので，円柱内に含まれる全電荷は $Q = \sigma S$ となり，

$$E = \frac{\sigma S}{\varepsilon_0 S} = \frac{\sigma}{\varepsilon_0} \tag{5.31}$$

となる．

前に球の表面の電場について式 (5.14) が，円柱の表面の電場について式 (5.19) が得られたが，実はそれらの関係はもっと一般の場合にも成り立っていることが式 (5.31) で示された．

5.9　コンデンサー

図 5.18 のように互いに絶縁した 2 つの導体があり，一方の導体からもう一方の導体に正電荷を運ぶと，それぞれの導体は正と負に帯電する．正と負の電荷は静電気力で引き合い，導体の向かい合った面に集まり，そこに蓄えられる．このようにして，互いに絶縁しておかれている 2 つの導体に電荷を蓄えられるようにした装置をコンデンサーといい，2 つの導体を極板という．

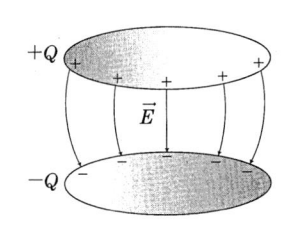

図 5.18　2 つの導体からなるコンデンサー

平らな極板を互いに平行に向かい合わせたものを**平行板コンデンサー**という．一方の極板に $+Q[\text{C}]$ の電荷が，もう一方の極板に $-Q[\text{C}]$ の電荷が蓄えられたとすると，コンデンサーに蓄えられた電荷は $Q[\text{C}]$ であるという．

また，コンデンサーに電荷を蓄えることを**充電**といい，互いの極板を導線でつなぎコンデンサーに蓄えられていた電荷を放出することを**放電**という．

コンデンサーが充電されているとき、電気力線は図 5.18 に示すように、一方の極板表面の正電荷から出て、他方の極板表面の負電荷で終わる。したがって、電場は 2 つの極板の間にできて、その外側にはほとんど電場はない。

5.10 電 気 容 量

コンデンサーに蓄えられた電荷が 2 倍になれば、極板間の電場の強さも 2 倍になり、電位差も 2 倍になる。したがって、電荷と電位差は比例関係にあることがわかる。すなわち、蓄えられた電荷を $Q[\mathrm{C}]$、極板間の電位差を $V[\mathrm{V}]$ とすると、

$$Q = CV \tag{5.32}$$

となる。ここで、C は比例定数である。この C をコンデンサーの**電気容量**という。その単位は $[\mathrm{C/V}]$ であるが、これを**ファラド** (記号 **F**) とよぶ。しかし、ふつうのコンデンサーの容量はこの単位で表すには大きすぎるので、実用的にはマイクロファラド ($\mu\mathrm{F} = 10^{-6}\mathrm{F}$) やピコファラド ($\mathrm{pF} = 10^{-12}\mathrm{F}$) がよく用いられる。

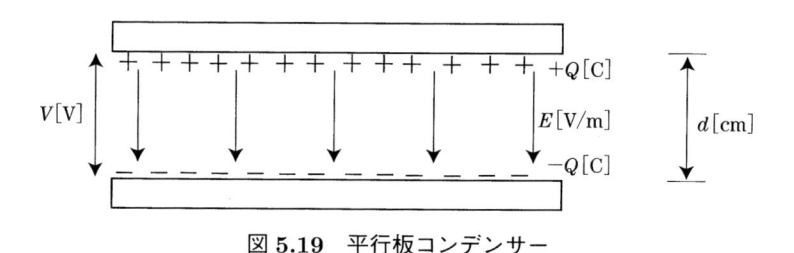

図 5.19 平行板コンデンサー

ここで、図 5.19 のような平行板コンデンサーの電気容量を求めてみる。上の極板に $+Q[\mathrm{C}]$、下の極板に $-Q[\mathrm{C}]$ の電荷を与えると、正負の電荷は互いに引きあって、図のように極板の向かい合った面に集まる。上の極板の上面、下の極板の下面には表面にしか電荷が存在しないので、式 (5.31) から、その外側には電場はない。極板の面積を $S\,[\mathrm{m}^2]$ とすると、上の極板の下面の電荷の面密度は $\sigma = +\dfrac{Q}{S}\,[\mathrm{C/m}^2]$ であるから、その面の近くの電場の大きさ

は $E = \dfrac{\sigma}{\varepsilon_0} = \dfrac{Q}{\varepsilon_0 S}$，また電場の向きは面に垂直で面から外に向かう向きである．同じように，下の極板の上面の近くでは，電場の大きさは同じ E で，電場の向きは面に垂直で面に向かって入る向きである．結局，極板の間の電場は，図5-19のように極板に垂直で上の極板から下の極板に向かっており，大きさはどこでも E になっている．極板の間隔を d [m] とすると，極板間の電位差は

$$V = Ed = \dfrac{Q}{\varepsilon_0 S} d \tag{5.33}$$

これを式 (5.32) と比較すると，電気容量 C は，

$$C = \dfrac{\varepsilon_0 S}{d} \tag{5.34}$$

となる．

5.11 誘　電　体

図 5.20 に示すように，平行板コンデンサーの極板間にガラスや紙などの絶縁体を入れる．すると，誘電分極により，極板に近い側の絶縁体表面には，それぞれ極板に蓄えられている電荷とは逆の電荷が現れる．その結果，極板間の電場は誘電分極で生じた電荷の分だけ弱くなり，極板間の電位差も減少する．したがって，電気容量は式 (5.34) より増加する．

ここで，真空の場合の電気容量を C_0，絶縁体を挿入した場合の電気容量を C とし，C と C_0 の比を ε_r とすると，

$$\dfrac{C}{C_0} = \varepsilon_r \tag{5.35}$$

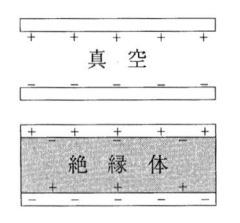

図 5.20　平行板コンデンサーに絶縁体を入れる

表 5.1　物質の比誘電率

物質名	比誘電率
空気（乾燥）	1.0005
パラフィン	2.2
雲母	7.0
ゴム（シリコーン）	8.5〜8.6
チタン酸バリウム	〜5000

と書き表すことができる．つまり，

$$C = \varepsilon_r \cdot C_0 = \varepsilon_r \cdot \varepsilon_0 \frac{S}{d} \tag{5.36}$$

である．この ε_r は絶縁体の種類によって決まるもので，物質の**比誘電率**という．いくつかの物質の比誘電率を表 5.1 に示す．チタン酸バリウムなどを使うことによって，非常に電気容量の大きいコンデンサーをつくることができる．

5.12　コンデンサーの接続

コンデンサーをいくつか接続することによって電気容量がどのように変化するかを考える．

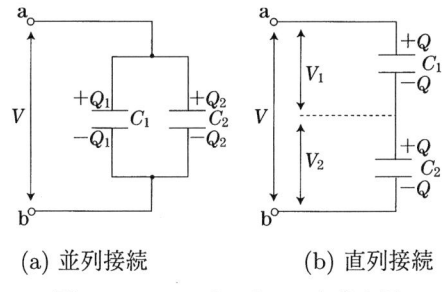

(a) 並列接続　　(b) 直列接続

図 5.21　コンデンサーの合成容量

いま，コンデンサーの電気容量が C_1, C_2[F] である 2 個のコンデンサーを，図 5.21(a) のように並列に接続する．端子 ab 間に電位差 V[V] を与えたとき，コンデンサーにはそれぞれ Q_1, Q_2[C] の電荷が蓄えられたとする．このとき，2 個のコンデンサーの極板間の電位差は等しいので，

$$Q_1 = C_1 V, \quad Q_2 = C_2 V \tag{5.37}$$

となる．したがって，2 個のコンデンサーを合わせて考えると，そこに蓄えられる全電荷 Q は，

$$Q = Q_1 + Q_2 = (C_1 + C_2)V \tag{5.38}$$

となる．したがって，端子 ab 間の**合成容量** (全体の電気容量)$C[\mathrm{F}]$ は，次のようになる．

$$C = C_1 + C_2 \tag{5.39}$$

一般に，電気容量 C_1, C_2, C_3, $\cdots$, $C_n[\mathrm{F}]$ の n 個のコンデンサーを並列接続した場合の合成容量 $C[\mathrm{F}]$ は，

$$C = C_1 + C_2 + \ldots + C_n \tag{5.40}$$

で与えられる．

次に，コンデンサーを図 5.21(b) のように直列につないだ場合を考える．端子 ab 間に電位差 $V[\mathrm{V}]$ を与え，端子 a が端子 b より電位が高いとすると，電気容量 $C_1[\mathrm{F}]$ のコンデンサーの端子 a 側の極板に正の電荷 $+Q[\mathrm{C}]$ が生じ，静電誘導によってもう一方の極板に負の電荷 $-Q[\mathrm{C}]$ が現れる．すると，これにつながれた電気容量 $C_2[\mathrm{F}]$ のコンデンサーの極板にも $+Q$, $-Q[\mathrm{C}]$ の電荷が生じることになる．このとき，各コンデンサーの両端の電位差を V_1, $V_2[\mathrm{V}]$ とすると，

$$V_1 = \frac{Q}{C_1}, \quad V_2 = \frac{Q}{C_2} \tag{5.41}$$

となる．したがって，端子 ab 間の電位差 $V[\mathrm{V}]$ は，

$$V = V_1 + V_2 = \left(\frac{1}{C_1} + \frac{1}{C_2}\right) Q \tag{5.42}$$

となり，合成容量を $C[\mathrm{F}]$ とすると，

$$C = \frac{Q}{V} = \frac{1}{\dfrac{1}{C_1} + \dfrac{1}{C_2}} \tag{5.43}$$

である．これを書き変えると，

$$\frac{1}{C} = \frac{1}{C_1} + \frac{1}{C_2} \tag{5.44}$$

となる．

一般に，n 個のコンデンサーを直列接続したときの合成容量 $C[\mathrm{F}]$ は，

$$\frac{1}{C} = \frac{1}{C_1} + \frac{1}{C_2} + \cdots + \frac{1}{C_n} \tag{5.45}$$

で与えられる．

5.13 静電エネルギー

電気容量 C[F] のコンデンサーに電荷 Q[C] を蓄えるために必要な仕事を考える．今，図 5.22 のように極板 A，B に蓄えられた電荷がそれぞれ $+q$, $-q$[C] のとき，極板 A，B 間の電位差は $v = \dfrac{q}{C}$[V] であるとする．このとき，さらに極板 B から極板 A へ電荷を Δq[C] だけ移動させるのに必要な仕事 ΔW[J] は，

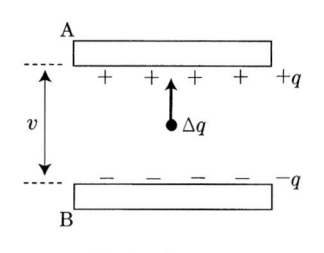

図 5.22 静電エネルギーの説明図

$$\Delta W = v\Delta q = \frac{q}{C}\Delta q \tag{5.46}$$

となる．最初どちらの極板にも電荷がなかったとき，このように極板 B から極板 A へ電荷を Δq[C] ずつ移動させ，全部で Q[C] だけ移動させるのに必要な仕事 W[J] は，$\Delta q \to 0$ の極限をとって，

$$W = \int_0^Q dW = \int_0^Q \frac{q}{C} dq = \frac{1}{2}\frac{Q^2}{C} \tag{5.47}$$

となる．また，このときの極板間の電位差を V とすると，この関係は $Q = CV$ により

$$W = \frac{1}{2}CV^2 = \frac{1}{2}QV \tag{5.48}$$

とも書き表すことができる．この仕事がエネルギーとしてコンデンサーに蓄えられ，これを**静電エネルギー**という．

平行板コンデンサーの電気容量は $\dfrac{\varepsilon_0 S}{d}$ であり，極板間の電位差 V[V] は $V = Ed$ であるので，式 (5.48) に代入すると，

$$W = \frac{1}{2}\frac{\varepsilon_0 S}{d}E^2 d^2 = \frac{1}{2}\varepsilon_0 E^2 S d \tag{5.49}$$

と表される．この式から，

$$\frac{W}{Sd} = \frac{1}{2}\varepsilon_0 E^2 \tag{5.50}$$

が得られる．Sd はコンデンサーの極板間の体積に等しいので，これは単位体積あたりのエネルギーを表している．一般に，大きさ E の電場が存在する空間には，単位体積あたり $\frac{1}{2}\varepsilon_0 E^2$ のエネルギーが存在すると考えられる．

5.14 定常電流

これまでは電荷が静止している場合を考えてきたが，ここでは電荷が移動する場合について考える．電荷の流れを**電流**という．時間によって大きさや向きが変わらない電流のことを**定常電流**とよぶ．

前に述べたように，導体内に一時的に電場ができても，電荷をもった自由電子が移動してその電場を打ち消すような電荷分布が生じ，それ以上は電荷が移動しなくなる．この電荷の移動はほとんど瞬間的におこる．そこで，連続的な電荷の流れをつくってやるためには，導体内に強制的に電位差をつくりだすものが必要になる．そのために，電池や発電機などの電源が用いられる．

しかし，実際の金属などでは，自由電子の移動はまったく自由ではなく，導体から抵抗を受ける．そのため，電池などの電源によって導体内に一定の電位差を作り出すことができ，導体内の電場を一定に保つことができる．このような定常的な電位差をつくる能力のことを**起電力**という．こうして導体内に電場ができ，電位差が生じると，自由電子に力をおよぼし，自由電子は抵抗に逆らって導体内をたえず移動する．

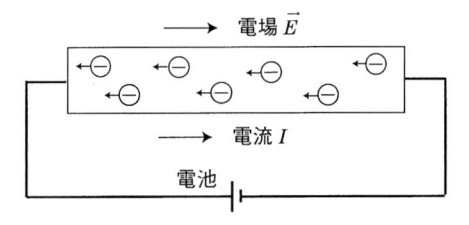

図 5.23 導体を流れる電流と自由電子

図 5.23 のように導線の両端に電池を接続すると，導体内に電場が生じ，導

体中の伝導電子(自由電子)は電場と反対向きに移動する．つまり電流が流れる．電流の向きは正の荷電粒子の移動する向きと定め，電流の大きさは荷電粒子の流れに対して垂直な導体の断面を単位時間に通過する電気量で表す．毎秒 1 C の電気量が通過するとき，この電流の大きさを **1 アンペア** (記号 **A**) とよぶ．1 A = 1 C/s である．このようにすると，I[A] の定常電流が導体の断面を通過するとき，毎秒 I [C] の電荷が移動しているから，t 秒間に運ばれる電気量 Q[C] は

$$Q = It \tag{5.51}$$

となる．

5.15　オームの法則と抵抗

　オームは導線の 2 点間に電位差を与えると導線を流れる電流 I[A] は，その電位差（電圧）V[V] に比例することを実験によって発見した．

$$I = \frac{V}{R} \tag{5.52}$$

オーム（1789-1854）

ここで，R は比例定数であり，**電気抵抗**，または単に**抵抗**とよぶ．R の単位は [V/A] となるが，これを**オーム** (記号 Ω) とよぶ．式 (5.52) を**オームの法則**という．この法則は，経験的に得られた法則であり，この法則が成り立たない物質もある．

　この式を $V = IR$ と書き変えてみると，抵抗 R の導体に電流 I が流れているときに，その導線の両端には V の電位差が生じていると表現することもでき，この V を**電圧降下**あるいは**電位降下**という．

5.16　抵抗の接続

　抵抗をいくつか接続することによって，全体の抵抗がどうなるかを考える．

抵抗を直列に接続した場合を考える．図5.24(a)に示すように，抵抗値R_1, $R_2[\Omega]$の抵抗を直列に接続し，これに電圧$V[V]$の電源を接続する．このとき，2つの抵抗を流れる電流$I[A]$は等しい．また，各抵抗に生じる電圧降下の値をそれぞれV_1, $V_2[V]$とすると，

$$V_1 = R_1 I, \quad V_2 = R_2 I, \quad V = V_1 + V_2 \tag{5.53}$$

となる．したがって，合成抵抗を$R[\Omega]$とすると，

$$V = RI = (R_1 + R_2)I$$
$$R = R_1 + R_2 \tag{5.54}$$

が得られる．一般に，$R_1, R_2, \cdots, R_n[\Omega]$の$n$個の抵抗を直列接続したときの合成抵抗$R[\Omega]$は，

$$R = R_1 + R_2 + \cdots + R_n \tag{5.55}$$

で与えられる．

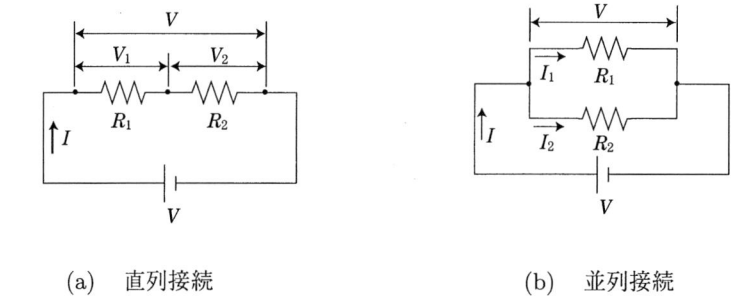

(a) 直列接続 　　　　　　　　(b) 並列接続

図 **5.24**　抵抗の接続と合成抵抗

次に，抵抗を並列に接続した場合を考える．図5.24(b)に示すように，抵抗値$R_1, R_2[\Omega]$の抵抗を並列に接続して，これを電圧$V[V]$の電源に接続する．電源を流れる電流を$I[A]$とし，2つの抵抗を流れる電流をそれぞれI_1, $I_2[A]$とすると，

$$I = I_1 + I_2 \tag{5.56}$$

が成り立つ. 各抵抗に生じる電圧降下 V[V] は,

$$V = R_1 I_1, \quad V = R_2 I_2 \tag{5.57}$$

したがって,

$$I = I_1 + I_2 = \left(\frac{1}{R_1} + \frac{1}{R_2} \right) V \tag{5.58}$$

となり, 合成抵抗を R[Ω] とすると,

$$\frac{1}{R} = \frac{1}{R_1} + \frac{1}{R_2} \tag{5.59}$$

が得られる. 一般に, $R_1, R_2, \cdots, R_n$[Ω] の n 個の抵抗を並列接続したときの合成抵抗 R[Ω] は,

$$\frac{1}{R} = \frac{1}{R_1} + \frac{1}{R_2} + \cdots + \frac{1}{R_n} \tag{5.60}$$

で与えられる.

電気抵抗は, 導線の材質や形によって変化する. そこで, 長さや太さといった形に関係する量を別に考えてやることにする. 式 (5.55), (5.60) から, 導線の抵抗は導線の長さ l に比例し, 断面積 S に反比例することがわかる. そこで,

$$R = \rho \frac{l}{S} \tag{5.61}$$

と表すと, ρ は導線の材料と温度によって決まる定数である. ρ のことを**電気抵抗率**または**抵抗率**とよぶ. 電気抵抗率の単位は [Ω·m] である. 電気抵抗率の逆数 $\sigma = \dfrac{1}{\rho}$ を**電気伝導率**といい, 電流の流れやすさを表している. 電気伝導率の単位は [1/(Ω m)] または [S/m] である. [S] はジーメンスとよび, [S]=[1/Ω] である. 式 (5.52) と式 (5.61) から

$$\frac{I}{S} = \frac{1}{\rho} \frac{V}{l} \tag{5.62}$$

の関係が得られるが, $\dfrac{I}{S}$ は断面の単位面積あたりの電流であり, **電流密度**とよぶ. $\dfrac{V}{l}$ は導線中の電場の強さを表している. したがって, 電流密度を J, 導体中の電場を E と書くと, オームの法則は

$$J = \sigma E \quad [\text{A/m}^2] \tag{5.63}$$

と表される．

5.17 電流と仕事

ある2点間の電位差を $V[V]$ とし，この2点間を電荷 $q[C]$ が移動したと考えると，電場（あるいはそれをつくっている起電力）が電荷にした仕事 $W[J]$ は，$W = qV$ となる．また，この2点間に電流 $I[A]$ が流れたとすると，$t[s]$ 間に電荷 $q = It[C]$ の電荷が移動するので，電場が電荷にした仕事 $W[J]$ は，

$$W = VIt \tag{5.64}$$

となる．この仕事は，導体内を自由電子が抵抗力に打ち勝って移動するのに使われると考えられる．この抵抗力に打ち勝って移動する仕事は熱エネルギーになる．この熱をジュール熱という．したがって，$t[s]$ 間に発生する熱量 $Q[J]$ は，オームの法則を使うと，

$$Q = W = VIt = RI^2 t = \frac{V^2}{R} t \tag{5.65}$$

と表すことができる．この関係をジュールの法則という．

この熱はまた，$t[s]$ の間に電流がした仕事と考えることもできて，これを**電力量**という．単位時間あたり電流がする仕事は**電力**とよばれ $P = \dfrac{W}{t} = VI$ と表される．単位は [J/s] であるが，これを**ワット**（記号 W）とよぶ．電力 $P[W]$ は，式 (5.65) から

$$P = VI = RI^2 = \frac{V^2}{R} \tag{5.66}$$

と表すことができる．

5.18 直流回路

抵抗, コンデンサーなどを電池などの電源と接続したものを電気回路 (あるいは単に回路) といい, 特に定常電流が流れている回路を直流回路という. このような回路を考える場合には, 次のような関係を使うことができる.

(1) 回路の交点に流れ込む電流の代数和は 0 である. (この関係を**キルヒホッフの第 1 法則**とよぶ.)

(2) 任意の閉回路に沿って 1 周する道を考えたとき, 起電力の総和は抵抗による電圧降下の総和に等しい. (この関係を**キルヒホッフの第 2 法則**とよぶ.)

(1) は, 例えば図 5.25 のように, 回路の中のある 1 つの分岐点 A に流れ込む電流が I_1, I_3, I_5 であり, 流れ出す電流が I_2, I_4 であるとすると,

$$I_1 - I_2 + I_3 - I_4 + I_5 = 0 \quad (5.67)$$

で表されることを意味している. この関係を一般式で表せば,

$$\sum_{i=1}^{n} I_i = 0 \qquad (5.68)$$

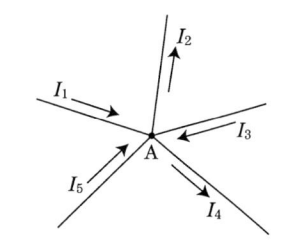

図 5.25 キルヒホッフの第 1 法則の説明図

となる. ただし, 流れ込む電流をプラスにとり, 流れ出す電流をマイナスとしている. これは点 A に入ってくる電荷の量と, 点 A から出ていく電荷の量とが等しく, 点 A に正や負の電荷がどんどん溜まっていくことはない, ということを表している.

また, (2) の例として, 図 5.26 に示すように, 点 A, B を通る 1 つの閉回路を考える. この回路には起電力 E_1, E_2 と, 抵抗 R_1, R_2 が含まれている. 今, 各起電力と抵抗を流れる電流を I_1, I_2 とし, その向きを矢印で示すようにとり, 矢印の向きを正の向きとすると,

$$E_1 - E_2 = I_1 R_1 - I_2 R_2 \tag{5.69}$$

が成り立つ．この関係を一般式で表せば，

$$\sum_{i=1}^{n} E_i = \sum_{k=1}^{m} I_k R_k \tag{5.70}$$

となる．ここで I_k は R_k を流れる電流である．

　この関係は，電流が流れたために点 A や点 B の電位がどんどん上がったり，下がったりするようなことは起こらず，起電力による電圧上昇と抵抗での電圧降下とのバランスがとれて，点 A や点 B の電位がある値に決まることを意味している．

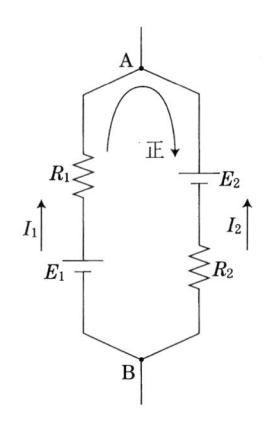

図 5.26　キルヒホッフの第2法則の説明図

第5章の問題

A

[クーロンの法則]

1. 1.0 C と 2.0 C の点電荷が 1.0 m 離れておかれている．2つの点電荷にはたらく静電気力を求めよ．ただし，クーロンの法則の比例定数を 9.0×10^9 N·m^2/C^2 とする．

2. 質量 1.0 g の導体球 A, B を同じ長さの絶縁糸でつるし，A, B に等量の正の電荷 Q[C] を与えたところ，図の位置で静止した．
   (1) 導体球 A にはたらく力を図示せよ．
   (2) A に与えた電荷 Q[C] を求めよ．ただし，重力加速度の大きさを 10 m/s^2 とし，クーロンの法則の比例定数を 9.0×10^9 N·m^2/C^2 とする．

第 5 章の問題

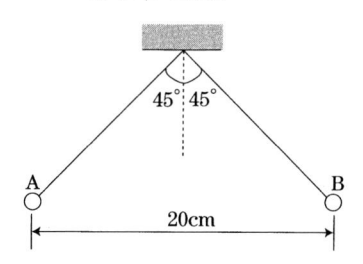

[電場と電位]

3. 2.0×10^{-6} C の点電荷から 2.0 cm 離れた点の電場の強さと電位を求めよ．ただし，クーロンの法則の比例定数を 9.0×10^9 N·m²/C² とする．

4. 真空中において，1.0 C と 2.0 C の点電荷が 1.0 m 離れておかれている．2 つの電荷の中点における電場の強さと電位を求めよ．ただし，クーロンの法則の比例定数を 9.0×10^9 N·m²/C² とする．

[電位差]

5. 一様な電場の中で静電気力に逆らって 5 C の電荷を点 A から点 B へ外力を加えて運ぶとき，その外力がする仕事は 30 J であった．電位差を求めよ．

6. 3×10^{-3} C の点電荷から 0.5 m と 1.0 m の 2 点間の電位差を求めよ．

[コンデンサー]

7. 電気容量が 0.2 μF，0.3 μF の 2 つのコンデンサーを並列接続して，10.0 V の電源に接続したときの合成容量と各コンデンサーの電荷を求めよ．また，直列接続した場合の合成容量と各コンデンサーの電圧を求めよ．

8. 電気容量 4μF のコンデンサーに 50V の電圧を加えたとき，コンデンサーに蓄えられる電荷と静電エネルギーを求めよ．

[電流と直流回路]

9. 長さ 3.0 m，直径 2.0 mm の導線に 2.0 V の電圧を加えたところ，100 mA の電流が流れた．この導線の抵抗率はいくらか．

10. 図のように抵抗が接続されている．
    (1) AB間の合成抵抗はいくらか．
    (2) CD間の合成抵抗はいくらか．

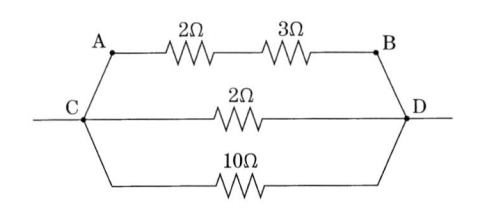

B

1. 同じ大きさの導体球に，それぞれ 6.4×10^{-6} C と -1.6×10^{-6} C の電荷を与えて，0.2 m 離しておかれている．2つの導体球にはたらく静電気力を求めよ．また，2つの導体球を接触させたのち，再び 0.2 m 離しておいた．2つの導体球にはたらく静電気力を求めよ．ただし，クーロンの法則の比例定数を 9.0×10^9 N·m²/C² とする．

2. 2つの点電荷が，ある間隔でおかれているときの静電気力は，2.0×10^3 N であった．間隔を2倍にしたときの静電気力を求めよ．

3. 一様に電荷が分布した無限に長い半径 0.05 m の円柱がある．軸方向の単位長さあたりの電荷を 5.0×10^{-6} C としたとき，円柱の中心軸から 0.1 m の点における電場の強さを求めよ．ただし，$\varepsilon_0 = 8.9 \times 10^{-12}$ C²/N·m² とする．

4. 半径 0.2 cm の球の内部に 4.0×10^{-6} C の電荷が一様に分布している．球の中心から 0.1 m の点における電場の強さと電位を求めよ．また，球の中心から 0.1 cm の点における電場の強さと電位を求めよ．ただし，クーロンの法則の比例定数を 9.0×10^9 N·m²/C² とする．

5. 極板間の距離が 1.0 cm の 2 枚の平行な極板を地面に対して水平においてある．この間に電子をおき，電子が空間に静止しているためには極板

間に加える電位差をいくらにすればよいか．ただし，電子は空気抵抗を受けないとする．また，重力加速度の大きさを 10 m/s^2，電子の電荷の大きさ (電気素量) を 1.6×10^{-19} C，電子の質量を 9.1×10^{-31} kg とする．

6. 一様な電場の中で，4 C の電荷を外力を加えて電場と反対方向へ 10 cm 移動させるのに，200 J の仕事をした．電荷を移動した 2 点間の電位差と電場の強さを求めよ．

7. 地球を 1 つの導体球と考えて，その電気容量を求めよ．ただし，地球の半径を 6.4×10^6 m とする．

8. 極板間の距離が 2 mm の平行平板コンデンサーの極板間に，面積 5 m^2，厚さ 2 mm の紙をはさんだ．コンデンサーの電気容量を求めよ．ただし，真空の誘電率 ε_0 を 8.9×10^{-12} C^2/(N·m^2) とし，比誘電率 ε_r を 4 C^2/(N·m^2) とする．

9. 電力量の単位には [kWh] が使われる．1 kWh は何ジュール [J] であるか求めよ．

10. 図のような回路がある．各抵抗を流れる電流 I_1, I_2, I_3 を求めよ．

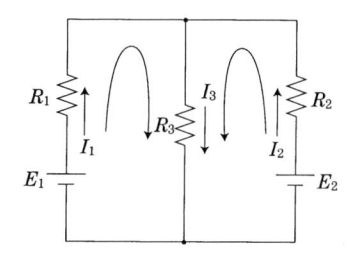

6

静 磁 場

6.1 磁石と静磁場

　棒磁石の両端付近には鉄を強く引きつけるところがある．そこを磁石の**磁極**という．棒磁石をつり下げて，水平面内で自由に回転できるようにしたとき，一端はいつも地球の北極の方向を指し，他端はいつも南極の方向を指す．北極の方向を指す磁極を N 極といい，南極の方向を指す磁極を S 極という．また，このように水平面内で自由に回転できるようにしたものを磁針といい，方位を調べるときに使われる．

　いま，磁石を 2 つ用意して磁極間に働く力を調べてみると，N 極と N 極，S 極と S 極のように同種類の磁極間はお互いに反発しあい，N 極と S 極のように異種類の磁極間はお互いに引き合う．

　このような磁石の間に働く力は，万有引力や静電気力と同じように，磁石のまわりの空間に変化が生じたことより伝えられると考えることができる．この空間を**磁場** (**磁界**) という．電場と同じように，磁場もベクトル量で表すことができる．磁場を表すベクトル量 $\vec{B}$ は，歴史的な理由から**磁束密度**とよばれる．磁束密度の単位は**テスラ** (記号 **T**) が用いられる．また，時間的に変動しない磁場を**静磁場**という．

　電場のようすを示すために電気力線を用いたように，磁場のようすを示すために磁力線を用いる．磁力線は磁場の中に磁針をおき，磁針の N 極の指す方向に沿って磁針を少しずつ動かしていったときにできる 1 本の曲線である．図 6.1 に棒磁石のまわりの磁力線の例を示す．実際に磁石の上においた紙に鉄粉をまくと，鉄粉が磁力線に沿って並び，図 6.2 のような模様を描く．

図 6.1 磁力線の様子

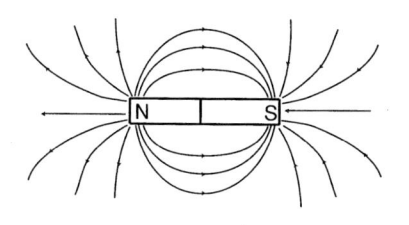

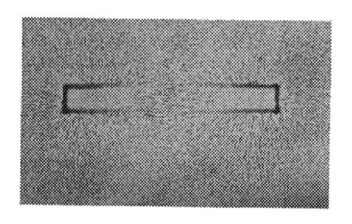

図 6.2 棒磁石のまわりの鉄粉の分布

電気力線の密度で電場の強さを表したように，磁力線の密度，すなわち磁束密度で磁場の強さを表す．磁力線上の任意の点での接線の方向が，その点での磁束密度の方向を示している．また，ある面 S を通過する磁力線の総数 Φ は，式 (5.10) と同じように，

$$\Phi = \int_S \vec{B} \cdot \mathrm{d}\vec{S} = \int_S \vec{B} \cdot \vec{n} \, \mathrm{d}S \tag{6.1}$$

となる．Φ のことを**磁束**とよぶ．磁束の単位には**ウェーバー**（記号 **Wb**）が使われる．式 (6.1) から，$1\,\mathrm{Wb} = 1\,\mathrm{T \cdot m^2}$，あるいは，$1\,\mathrm{T} = 1\,\mathrm{Wb/m^2}$ であることがわかる．

6.2 電流による磁場

電流が流れている導線の近くに磁針をおくと，図 6.3 のように磁針が振れる．つまり，導線に電流を流すと，導線のまわりに磁場が生じる．このことはエルステッドによって発見され，アンペールによって，さらに深く調べられた．導線を流れる電流の向きを逆にすると，図 6.4(a)，(b) のように，磁針の振れも逆になる．また，磁針をいろいろな場所においてみると，導線のまわりの磁場は，図 6.5 の磁力線で表されるように，導線を取り囲むように生じることをがわかる．このため，電流を流した導線のまわりに鉄粉をまいた紙をおくと，図

アンペール
(1775-1836)

6.6 のような模様が観察される．

アンペールはまた，直線電流 I が流れている導線から距離 a だけ離れた点の磁束密度は，

$$B = \frac{\mu_0 I}{2\pi a} \quad (6.2)$$

であることを見出した．ここで，μ_0 は比例定数で，**真空の透磁率**とよばれる．

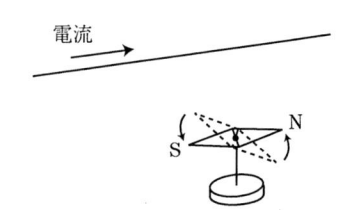

図 6.3　導線に電流を流すと，そばの磁針が振れる．

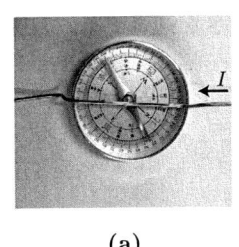

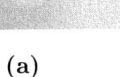

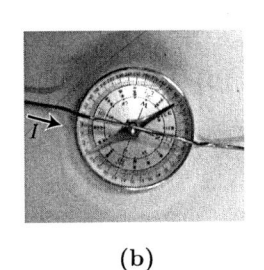

(a)　(b)

図 6.4　導線に電流を流したときの磁針の振れ

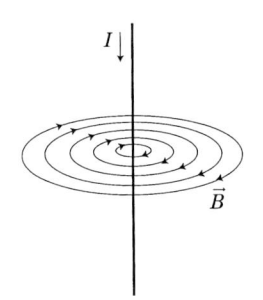

図 6.5　直線電流のまわりの磁力線

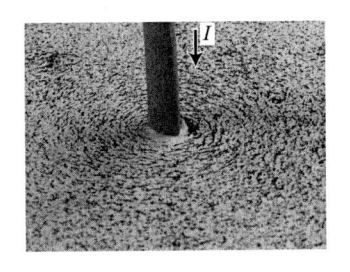

図 6.6　直線電流のまわりの鉄粉の分布

6.3 ビオ・サバールの法則

ビオとサバールは，電流と磁場の間のさらに一般的な関係を見出した．それは次のようなものである．

(a) 微小部分 Δs が $\vec{r}$ だけ離れた点につくる磁束密度 $\Delta \vec{B}$

(b) $\Delta \vec{B} = \Delta \vec{s} \times \vec{r}$

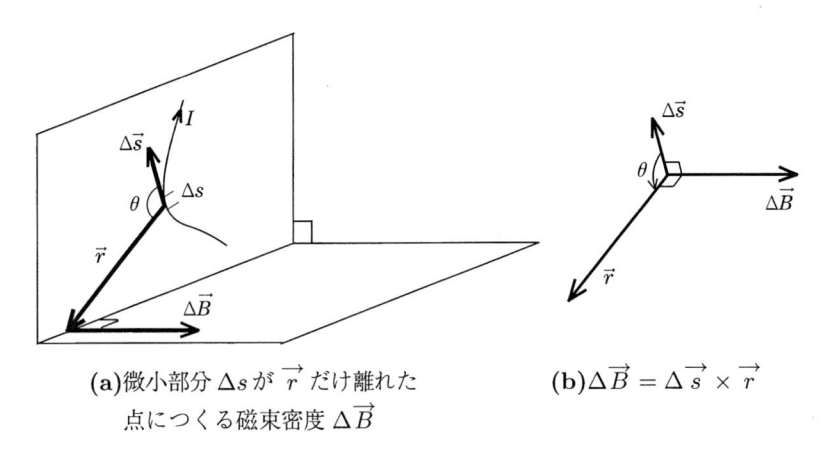

図 6.7　ビオ・サバールの法則

いま，図 6.7(a) に示すように，電流 I が任意の形をした導線に流れているとする．導線の微小部分をとり，その長さを Δs とする．この微小部分 Δs を流れる電流が $\vec{r}$ だけ離れた点につくる磁束密度 $\Delta \vec{B}$ は，

$$\Delta \vec{B} = \frac{\mu_0}{4\pi} \frac{I}{r^2} \left(\Delta \vec{s} \times \frac{\vec{r}}{r} \right) \tag{6.3}$$

と表される．ここで，$\Delta \vec{s}$ は，大きさが Δs で導線の接線方向を向いたベクトルである．これをビオ・サバールの法則という．$\Delta \vec{B}$ は，図 6.7(b) のように $\Delta \vec{s}$ と $\vec{r}$ の両方に垂直で，$\Delta \vec{s}$ から $\vec{r}$ へ右ねじを回したときにねじが進む向きを向く．磁束密度の大きさ $\Delta B = |\Delta \vec{B}|$ は，

$$\Delta B = \frac{\mu_0}{4\pi} \frac{I \Delta s}{r^2} \sin \theta \tag{6.4}$$

と表される．ただし，θ は $\Delta \vec{B}$ と $\vec{r}$ の間の角である．

ビオ・サバールの法則を使って，無限に長い直線電流 I がそのまわりにつくる磁束密度を求め，それが式 (6.2) で与えられることを確かめよう．

図 6.8 に示すように，直線電流が流れている導線の長さ Δs の微小部分が任意の点 P につくる磁場の磁束密度 ΔB を考える．Δs から点 P までの距離を r，点 P から直線電流までの距離を a とすると，

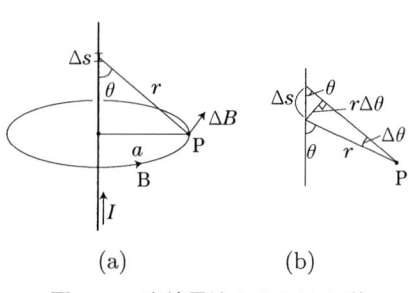

図 6.8 直線電流のまわりの磁束密度

$a = r\sin\theta$ である．また，点 P から Δs を見込む角を $\Delta\theta$ とする (図 6.8(b)) と，$\Delta s \cdot \sin\theta \fallingdotseq r\Delta\theta$ と近似できる．すると，式 (6.4) から，

$$\Delta B = \frac{\mu_0 I}{4\pi a}\sin\theta\Delta\theta \tag{6.5}$$

となる．直線電流が点 P につくる磁場は，直線に沿って $-\infty$ から $+\infty$ の間の微小部分についてすべてたし合わせたとき，すなわち角度 θ が 0 から π までの範囲の ΔB をすべてたし合わせればよいので，

$$B = \frac{\mu_0 I}{4\pi a}\int_0^\pi \sin\theta d\theta = \frac{\mu_0 I}{4\pi a}[-\cos\theta]_0^\pi = \frac{\mu_0 I}{2\pi a} \tag{6.6}$$

となる．このようにして，式 (6.2) が導かれた．

同じようにして，円形電流の中心軸上の磁束密度を求めてみよう．

図 6.9 に示すように，円形電流の長さ Δs の微小部分が中心軸上の点 P につくる磁場の磁束密度 ΔB の大きさは，

$$\Delta B = \frac{\mu_0 I}{4\pi r^2}\Delta s\sin\theta \tag{6.7}$$

となるが，Δs と r のなす角 θ は 90°であるから，式 (6.7) は，

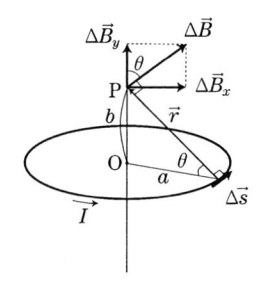

図 6.9 円形電流が中心軸上につくる磁束密度

6.3 ビオ・サバールの法則

$$\Delta B = \frac{\mu_0 I}{4\pi r^2} \Delta s \qquad (6.8)$$

となる．ここで，図 6.9 に示すように，磁束密度 $\Delta\vec{B}$ を水平成分 $\Delta\vec{B_x}$ と垂直成分 $\Delta\vec{B_y}$ に分けてみる．いま，$\Delta\vec{B}$ と $\vec{r}$ のなす角は 90° であるから，$\Delta\vec{B}$ と $\Delta\vec{B_y}$ のなす角は θ である．したがって，

$$\Delta B_x = \frac{\mu_0 I}{4\pi r^2} \Delta s \sin\theta \qquad (6.9)$$

$$\Delta B_y = \frac{\mu_0 I}{4\pi r^2} \Delta s \cos\theta \qquad (6.10)$$

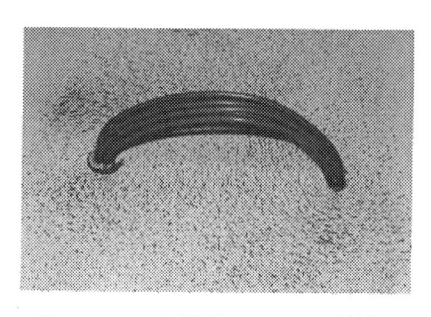

図 6.10 円形電流のまわりの鉄粉の分布 (写真では，数本の導線を束ね，円形の上半分が見えている)

と表される．このうち，$\Delta\vec{B_x}$ の成分は，Δs の部分を流れる電流が点 P につくる磁束密度を円全体についてたし合わせると，お互いに打ち消される．すると，中心軸上にできる磁束密度は，$\Delta\vec{B_y}$ の成分しかない．すなわち，磁束密度は円電流の面に垂直である．そこで，磁束密度 $\vec{B}$ の大きさは，Δs を十分短くとり，$\Delta\vec{B_y}$ を円全体にわたってたし合わせればよい．

$$B = \int_0^{2\pi a} \frac{\mu_0 I}{4\pi r^2} ds \sin\theta = \frac{\mu_0 I a}{2r^2} \sin\theta \qquad (6.11)$$

ここで，OP 間の長さが b であるから，$r = \sqrt{a^2+b^2}$, $\cos\theta = \dfrac{a}{r} = \dfrac{a}{\sqrt{a^2+b^2}}$ であることを用いると，

$$B = \frac{\mu_0 I a^2}{2(a^2+b^2)^{3/2}} \qquad (6.12)$$

と表される．また，円の中心では $b = 0$ で，

$$B = \frac{\mu_0 I}{2a} \qquad (6.13)$$

となる．中心軸以外の場所では，磁束密度はもう少し複雑な式で与えられる．図 6.10 に，円形電流のまわりの鉄粉によってできる模様を示す．

6.4 アンペールの法則

式 (6.6) を少し書き変えてみよう．磁束密度の大きさは，直線電流から距離 a だけ離れたところを 1 周する円周 C 上ではどこでも一定である．そこで，式 (6.6) は

$$2\pi a \cdot B = \mu_0 I \tag{6.14}$$

とすることができる．この式の左辺は円周上の磁束密度の大きさと円周の長さをかけたもの，いいかえれば一定値 B を円周の 1 周にわたってたし合わせたものであり，それが $\mu_0 I$ に等しくなっている．

このような関係は磁束密度をたし合わせる経路が円形でないときにも成り立ち，

$$\int_C \vec{B} \cdot d\vec{r} = \mu_0 I \tag{6.15}$$

と表すことができる．ここで，C は任意の形の閉曲線で，左辺は磁束密度 $\vec{B}$ の C に沿っての成分 (接線成分) を C に沿って 1 周たし合わせることを意味する．また，右辺の電流は直線電流でなくてもよいが，その符号は，図 6.11 に示すように閉曲線 C に沿って右ねじを回したとき，ねじが進む向きに電流が流れる場合を正とする．式 (6.15) で表される関係を**アンペールの法則**とよぶ．

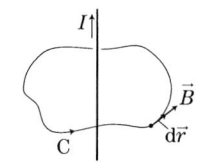

図 **6.11** アンペールの法則

もし，閉曲線 C 内に複数の電流 $(I_1, I_2, \cdots, I_n)$ がある場合には，式 (6.15) は，

$$\int_C \vec{B} \cdot d\vec{r} = \mu_0 \sum_{i=1}^n I_i \tag{6.16}$$

と表される．

6.5 ソレノイドがつくる磁場

導線を同じ半径でらせん状に巻いたコイルを**ソレノイド**という．実際の例を図 6.12 に示す．

いま，ソレノイドに電流 I[A] を流したときの磁束密度をアンペールの法則を使って求めてみる．ソレノイドは，円形電流の集まりと考えられるので，ソレノイドの中心軸上の磁束密度の向きは，中心軸に平行になる．

また，ソレノイドの単位長さあたりの巻き数を n とすると，中心軸上の磁束密度 B_2 は $\mu_0 n I$ となる（問題 A4）．

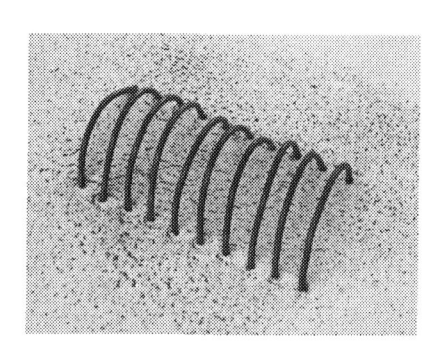

図 6.12 ソレノイドによって生じた磁力線による鉄粉の分布

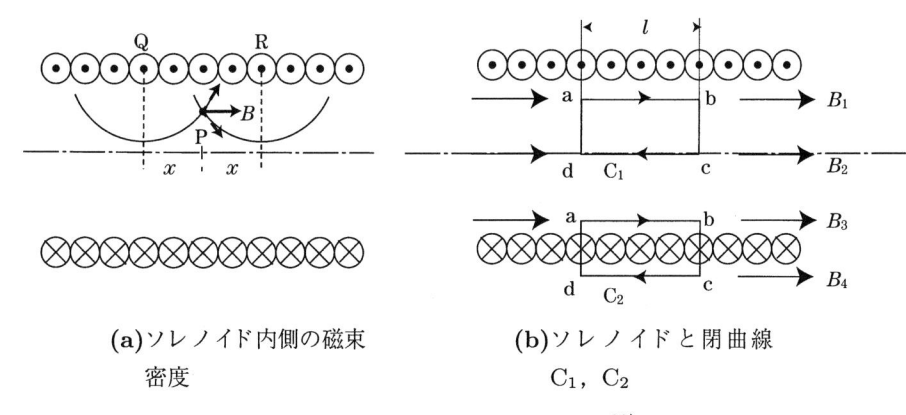

(a) ソレノイド内側の磁束密度

(b) ソレノイドと閉曲線 C_1，C_2

図 6.13 ソレノイドがつくる磁場[22]

いま，図 6.13(a) に示すようにソレノイドの内側の任意の点 P を考える．

---

[22] 電流の向きを表す記号として，⊙ は紙面に垂直に裏から表に向かう向きを表し，⊗ は表から裏に向かう向きを表す．

ソレノイドは無限に長いと考えたので,点 P を中心に左右対称な位置,点 Q,R にある円形の導線を流れる電流が点 P につくる磁場の磁束密度を考えると,中心軸に平行になることがわかる.したがって,ソレノイドの内側につくられる磁束密度は,どこでも中心軸に対して平行で,中心軸に対して垂直方向の磁束密度は 0 である.そこで,ソレノイドの内側に図 6.13(b) に示すように,中心軸を含んだ長方形 abcd の閉曲線 C_1 を考え,アンペールの法則を適用すると,中心軸に垂直な線分 $\overline{bc}$ と線分 $\overline{da}$ の部分では,式 (6.16) の積分は 0 になる.線分 $\overline{ab}$, $\overline{cd}$ の長さを l とし,線分 $\overline{ab}$ 上での磁束密度の大きさを B_1,ソレノイドの中心軸にある線分 $\overline{cd}$ 上での磁束密度の大きさを B_2 とすると,式 (6.16) は

$$\int_{C_1} \vec{B} \cdot \mathrm{d}\vec{r} = B_1 \overline{ab} - B_2 \overline{cd} = B_1 l - B_2 l \qquad (6.17)$$

となる.しかし,閉曲線 C_1 を貫く電流はないので,式 (6.16) の右辺の値は 0 である.したがって,

$$B_1 l - B_2 l = 0$$
$$B_1 = B_2 \qquad (6.18)$$

となる.これは,ソレノイドの内側での磁束密度がどこでも等しいということを表している.ソレノイドの中心軸上の磁束密度 B_2 は $\mu_0 n I$ であるから,

$$B_1 = B_2 = \mu_0 n I \qquad (6.19)$$

となる.

次に,図 6.13(b) の閉曲線 C_2 について,アンペールの法則を適用する.閉曲線 C_2 は電流を取り囲んでおり,取り囲んでいる電流は,nIl であるから,式 (6.16) は,

$$\int_{C_2} \vec{B} \cdot \mathrm{d}\vec{r} = B_3 \overline{ab} - B_4 \overline{dc} = B_3 l - B_4 l = \mu_0 n I l \qquad (6.20)$$

となる.線分 $\overline{ab}$ はソレノイドの内側であるから,式 (6.19) より磁束密度 B_3 は $\mu_0 n I$ であり,したがって,

$$\mu_0 n I l - B_4 l = \mu_0 n I l \qquad \therefore \quad B_4 = 0 \qquad (6.21)$$

となり，ソレノイドの外側の磁束密度は 0 になる．結局，ソレノイドの内側の磁束密度は一様に $\mu_0 nI$ であり，ソレノイドの外側では磁束密度は 0 になる．

6.6 ローレンツ力

静止している電荷のまわりにできる電場は，別の電荷に静電気力をおよぼす．また，磁場は磁石に力をおよぼす．ところで，磁場は磁石ばかりでなく，電荷にも力をおよぼすことがわかっている．しかし，その力のおよぼし方は，これまでに習ってきた力とはかなり違っている．磁場が電荷におよぼす力は
 (a) 電荷が動いているときにしか，働かない．
 (b) この力は，磁場の方向にではなく，磁場に対しても，電荷の進行方向に対しても，垂直な方向に働く．
電荷が電場と磁場とから受ける力をいっしょにして，**ローレンツ力**とよぶ．

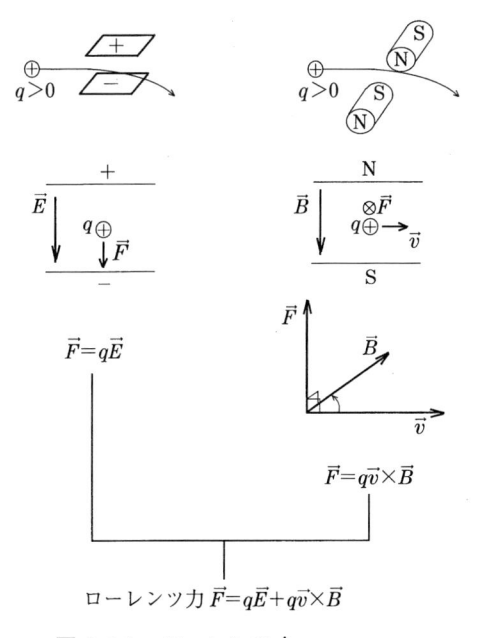

図 6.14　ローレンツ力

いま，電場 $\vec{E}$ と，磁束密度 $\vec{B}$ の磁場の両方が存在する中を運動する電荷について考えてみよう．電荷は正の電気量 q[C] をもち，速度 $\vec{v}$[m/s] で運動しているとする．電荷には電場から $q\vec{E}$ の力が働くが，それに加えて，磁場から $q\vec{v} \times \vec{B}$ の力が働く．電荷が受ける力，すなわちローレンツ力 $\vec{F}$[N] は，

$$\vec{F} = q\vec{E} + q\vec{v} \times \vec{B} \tag{6.22}$$

と表される．この力の働く向きを図 6.14 に示す．電荷が静止している場合には，静電気力 $q\vec{E}$ しか働かない．電荷が運動している場合には，静電気力のほかに第 2 項で表される力も働く．

磁場によるローレンツ力の向きは，$\vec{v}$ と $\vec{B}$ のいずれにも垂直で，図 6.14 に示す向きである．それは，正の電荷の速度 $\vec{v}$ の向き（電流 I の向き）から，磁束密度 $\vec{B}$[T] の向きへ，右ねじをまわすとき，ねじの進む向きである．電子のような負の電荷が受ける力は，これとは逆向きになる．

6.7 電流が磁場から受ける力

電流は，そのまわりに磁場をつくる．また，磁場の中で電荷が動くと電荷は力を受ける．電荷が動いて電流が流れるのだから，電流は磁場の中で力を受ける．このことから，電流どうしの間に力が働くはずであるとアンペールは考えた．

いま，図 6.15 に示すように，十分長い直線状の 2 本の導線を距離 r[m]

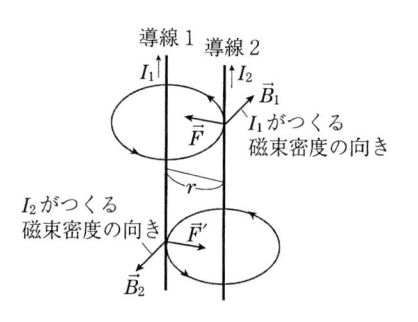

図 6.15 電流間に作用する力

離して平行におき，同じ向きにそれぞれ I_1[A]，I_2[A] の電流を流す．電流 I_1 が I_2 の位置につくる磁束密度 B_1[T] は，式 (6.6) より，

$$B_1 = \frac{\mu_0}{2\pi} \frac{I_1}{r} \tag{6.23}$$

となり，その向きは I_2 に垂直である．したがって，導線 2 の中を流れる電気

量 q[C] の自由電子が単位長さあたり n[1/m] 個あり,それが速度 v[m/s] で動いているとすると,その自由電子が B_1 から受けるローレンツ力の大きさ F[N/m] は qvB_1 である.この導線中の自由電子が単位長さあたり n[1/m] 個あると,それらの電子が受ける力の総和は $qnvB_1$ となる.qnv は電流 I_2 に等しいので,ローレンツ力は,

$$F = I_2 B_1 = \frac{\mu_0}{2\pi}\frac{I_1 I_2}{r} \tag{6.24}$$

と表される.これが,単位長さあたり I_2 が B_1 から受ける力である.力の向きは図 6.15 に示すように,導線 2 から導線 1 に向かう向きである.I_2 も同様に I_1 に力を及ぼしており,その力の向きは図 6.15 に示すように,導線 1 から導線 2 に向かう向きである.このように,2 本の導線に流れる電流の向きが同じであれば導線間に引力が働く.一方,電流の流れる向きが導線 1 と 2 で反対であれば,2 本の導線の間には斥力が働く.

現在では,電流の単位 [A] は,式 (6.24) を用いて定義されている.すなわち,真空中で 1 m 離しておかれた 2 本の平行導線に等しい電流を流して,導線の 1 m あたりに作用する力の大きさが,$\frac{\mu_0}{2\pi} = 2 \times 10^{-7}$ N であるとき,その電流の強さを 1 A と定義する.このように決めると,真空の透磁率 μ_0 は $4\pi \times 10^{-7}$ N/A^2 となる.また,1 A の電流によって 1 秒間に運ばれる電気量 1 A·s のことを 1 C と定義する.

さらに,磁場に垂直におかれた導線に 1 A の電流が流れているとき,電流が磁場から受ける力の大きさが,1 m あたり 1 N である場合,その磁場の磁束密度を 1 T とよぶ.1 T は 1 Wb/m^2 に等しい (**6.1** 節).あるいは,式 (6.22) から,$q\vec{v} \times \vec{B}$ の単位が [N] になることを考えると,磁束密度の単位は [N/(C·m/s)]=[N/m·A] と表すこともできる.

第6章の問題

A

[磁石と静磁場，電流による磁場]

1. 図に示すように，磁束密度の大きさ 6.0×10^{-4} T の一様な磁場の中に，断面積 5.0 m^2 の1巻きのコイルを，コイルの面の法線方向が磁束密度の方向と角 θ をなすようにおかれている．θ が $0°$，$45°$，$90°$ の場合の磁束はそれぞれ何 Wb か．

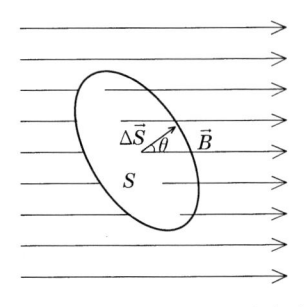

2. 無限に長い直線状の導線がある．導線から 1 cm 離れたところの磁束密度の大きさは 1×10^{-4} T であった．導線に流れている電流は何 A か．ただし，真空の透磁率を $4\pi \times 10^{-7}$ N/A^2 とする．

3. 半径 20 cm の円形の導線がある．この導線に 5 A の電流が流れているとき，円の中心につくる磁束密度の大きさは何 T か．ただし，真空の透磁率を $4\pi \times 10^{-7}$ N/A^2 とする．

4. 無限に長いソレノイドの中心軸上につくる磁束密度の大きさを求めよ．

[アンペールの法則，ローレンツ力，電流が磁場から受ける力]

5. 内径 5 cm，外径 5.5 cm の無限に長い中空円筒があり，長さ方向に 2 A の電流が流れているとする．中心軸上から距離 2 cm の点における磁束密度，および距離 10 cm の点における磁束密度は何 T か．ただし，真空の透磁率を $4\pi \times 10^{-7}$ N/A^2 とする．

6. 図のように，磁束密度の大きさ B[T] の一様な磁場の中を，質量 m[kg]，電荷 q[C] の自由電子が磁場に垂直に速さ v[m/s] で移動するとき，

(1) この粒子が受けるローレンツ力の大きさを求めよ．
(2) 電荷が描く軌道の半径 r を求めよ．
(3) 電荷が1回転する時間 T を求めよ．

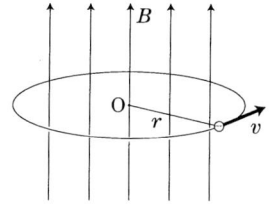

7. 2本の導線が 1.0 cm の間隔で平行におかれている．同じ向きにそれぞれ 10 A の電流を流したときに導線間に働く力の大きさは単位長さあたり何 N か．また，力の向きを答えよ．ただし，真空の透磁率を $4\pi \times 10^{-7}$ N/A^2 とする．

B

1. 3.0 A の電流が流れている円形電流がある．円の半径を 3.0 cm とし，中心軸上において円の中心から 4.0 cm 離れた位置での磁束密度の大きさを求めよ．ただし，真空の透磁率を $4\pi \times 10^{-7}$ N/A^2 とする．
2. 10 A の電流が流れている直線電流から，10 cm 離れた位置での磁束密度の大きさを求めよ．ただし，真空の透磁率を $4\pi \times 10^{-7}$ N/A^2 とする．
3. 5 A の電流が流れている直線電流から，a [m] 離れた位置での磁束密度の大きさは 1×10^{-6} T であった．a を求めよ．ただし，真空の透磁率を $4\pi \times 10^{-7}$ N/A^2 とする．
4. 長さ 2.0 m で，巻き数 100 回のソレノイドがある．電流を 4.0 A 流したとき，ソレノイド内部の磁束密度の大きさを求めよ．ただし，真空の透磁率を $4\pi \times 10^{-7}$ N/A^2 とする．
5. 磁束密度の大きさ 2.0 T の一様な磁場の中で，直線状の導線に電流が流れている．導線の内部では 1.6×10^{-19} C の電荷をもつ自由電子が電流の向きとは逆方向に速度 5.0×10^5 m/s で移動しているとして，磁束密度ベクトルと導線のなす角が 0° のときと，90° のとき，自由電子が磁場から受ける力の大きさを求めよ．
6. 磁束密度の大きさ 2.0 T の一様な磁場の中で，5 A の電流が流れている直線状の導線がある．磁束密度と導線のなす角が 0° のときと，90° のときの，長さ 2 m の導線部分が磁場から受ける力の大きさ求めよ．

7

電磁誘導と交流

7.1 電磁誘導

　ファラデーは，電流はそのまわりに磁場をつくるのだから，磁場から電流がつくれるのではないかと考え，様々な実験を試みた．その結果，図 7.1 のように，磁石をコイルに入れたり，コイルから出したりするときだけ，検流計に電流が流れることを発見した．このとき，磁石を入れるときと出すときでは検流計に流れる電流の向きは逆になった．また，磁石の N 極と S 極を入れ換えると，電流の向きが逆になった．さらに，磁石を固定しておき，コイルを動かしても電流は流れた．

　つまり，コイル付近の磁束 Φ を時間的に変化させれば電流が流れることがわかった．この現象を**電磁誘導**という．コイルに誘導電流が流れたのは，導線の中に電場が発生し，導線内部の自由電子が電場から力を受けたためであると考えられる．このとき，コイルの両端に生じた起電力を**誘導起電力**といい，流れる電流を**誘導電流**という．

ファラデー (1791-1867)

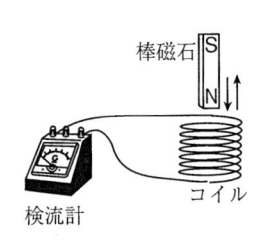

図 7.1　電磁誘導

ファラデーは実験により，一巻きのコイルの両端に現れる誘導起電力 V は，

$$V = -\frac{d\Phi}{dt} \tag{7.1}$$

と表されることを示した．これを**ファラデーの電磁誘導の法則**という．右辺のマイナスの符号は，図 7.2 のように誘導起電力が磁束の変化を妨げる向きに生じることを表している (**レンツの法則**)．図 7.1 のようなコイルでは，一巻きのコイルが巻き数 N の数だけ直列につながっているので，誘導起電力は NV となる．

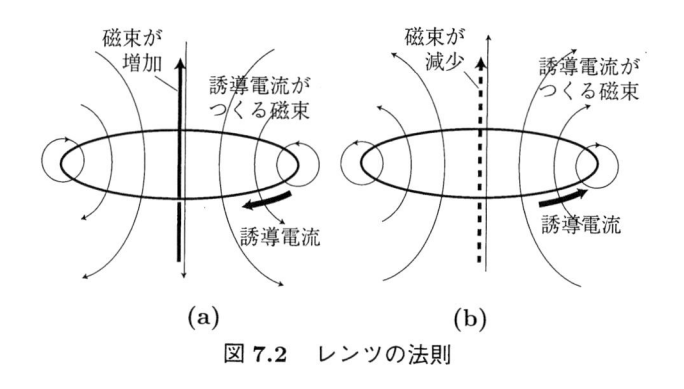

図 7.2 レンツの法則

7.2 磁場の中を動く導体に生じる起電力

図 7.3 に示すように，一様な磁場の中に「コ」の字型の導線 abcd を置く．磁束密度は大きさ B[T] で，面 abcd に対して垂直で上向きとする．「コ」の字型の導線の上には導体棒 ef が置いてあり，$\overline{\text{ef}} = l$[m] とする．また $\overline{\text{ab}} = \overline{\text{cd}} = x$ とすると，面 ebcf の面積は lx であり，そこを貫いている磁束 Φ は Blx である．いま，導体棒 ef を速さ $\dfrac{dx}{dt} = v$[m/s] で図の右向きに動かすと，単位時間あたり，回路 ebcf の面積は lv ずつ増加し，回路を貫く磁束は Blv だけ増加する．すなわち，

$$\Phi = Blx \tag{7.2}$$

$$\frac{d\Phi}{dt} = Bl\frac{dx}{dt} = Blv \tag{7.3}$$

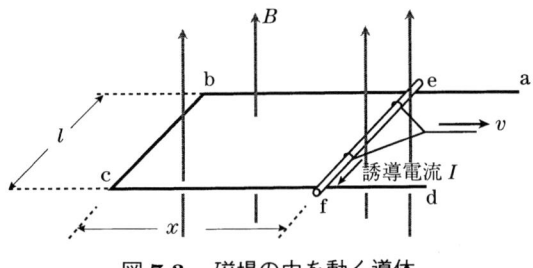

図 7.3　磁場の中を動く導体

したがって，誘導起電力 V は，
$$V = -\frac{d\Phi}{dt} = -Blv \tag{7.4}$$
となる．誘導起電力の向きは，e から f に向かって電流を流そうとする向きである．

　誘導起電力は，導体棒中の自由電子に働くローレンツ力から求めることもできる．一様な磁場中で，導体棒を速さ v [m/s] で動かすとき，導体棒の中の自由電子も磁場の中を速さ v[m/s] で運動するので，図 7.4 のように，b から a の向きにローレンツ力 $F = evB$[N] を受ける．すると，導体棒中の自由電子は b から a に向かって移動する．この結果，a に負，b に正の電荷が集まり，b から a に向か

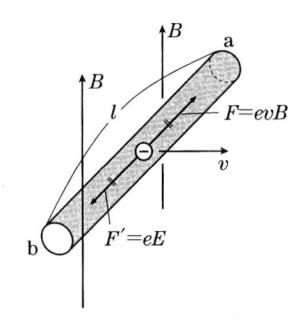

図 7.4　磁場の中を動く導体中の電子に働く力

う電場が導体棒中に発生する．この電場の大きさを E とすると，自由電子は電場から a から b の向きに $F' = eE$[N] の力を受け，その力がローレンツ力とつり合った状態になれば，自由電子の移動は止まる．そのときには，$F' = F$ から
$$eE = -evB \qquad \therefore \quad E = -vB \tag{7.5}$$
したがって，導体棒の両端の電位差 V は，
$$V = El = -vBl \tag{7.6}$$

となり,式 (7.4) に一致する.

7.3 自己誘導

6.2 節でわかったたように,電流が流れている円形の導線のまわりには,図 7.5 のような磁束密度 $\vec{B}$ の磁場が生じる.この磁束密度の大きさは,導線を流れている電流に比例する.コイルの電流が減ると,自分自身を貫く磁束が減るので,誘導起電力が生じる.誘導起電力は,磁束の減少を打ち消そうとするので,コイルの電流が増える方向に生じる.逆に,コイルの電流が増えれば,それを減らそうとする方向の誘導起電力が生じる.したがって,コイルは自分自身の電流が減れば増やそうとし,増えれば減らそうとする.この現象を**自己誘導**という.

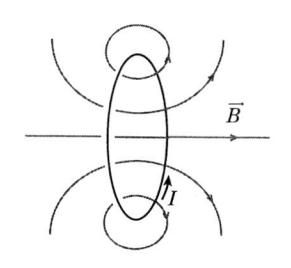

図 **7.5** 自己誘導

コイルを貫く磁束は電流に比例するので,比例定数を L とすると,

$$\Phi = LI \tag{7.7}$$

と書き表すことができる.電流 I を変化させると,コイル一巻きあたりに生じる誘導起電力 V は,

$$V = -\frac{d\Phi}{dt} = -L\frac{dI}{dt} \tag{7.8}$$

となる.比例定数 L は**自己インダクタンス**とよばれる.自己インダクタンスの単位は $[\mathrm{Wb/A}]=[\mathrm{m^2 kg/(s^2 \cdot A^2)}]$ であるが,これを**ヘンリー** (記号 **H**) とよぶ.誘導起電力は電流の変化を妨げる向きに生じるので,式 (7.8) から自己インダクタンス L はつねに正の値である.

いま,断面積 $S[\mathrm{m^2}]$,単位長さあたりの巻き数 n の十分に長いソレノイドに電流 $I[\mathrm{A}]$ が流れている場合には,式 (6.19) より磁束は,

$$\Phi = LI = \mu_0 nIS \tag{7.9}$$

と書ける.ここで,$L = \mu_0 nS$ はソレノイドの形状,巻き数などで決まる比例定数である.長さ l のソレノイドは,nl 巻きのコイルであるから,ソレノ

イド全体に生じる誘導起電力は，式 (7.8) を nl 倍して，

$$V = -nl \cdot \mu_0 nS \frac{dI}{dt} = -\mu_0 n^2 lS \frac{dI}{dt} \tag{7.10}$$

となる．したがって，

$$L = \mu_0 n^2 lS \tag{7.11}$$

となる．

7.4 磁場のエネルギー

いま，自己インダクタンス L[H] のソレノイドに電流 I[A] が流れているとき，ソレノイドに蓄えられる磁場のエネルギーを考える．ソレノイドに流れる電流を少しずつ増していくと，式 (7.8) で表される誘導起電力が発生するため，それに逆らって自由電子を動かすための力を外から加える必要がある．時間 Δt の間に誘導起電力に逆らって，電流を I から $I + \Delta I$ まで増やすために必要な仕事 ΔW は，

$$\Delta W = VI\Delta t = L\frac{\Delta I}{\Delta t}I\Delta t = LI\Delta I \tag{7.12}$$

と書ける．すると，電流を 0 から I まで増やすために必要な仕事 W は，

$$W = \int_0^I LI dI = \frac{1}{2}LI^2 \tag{7.13}$$

と表される．この仕事 W は，ソレノイドに蓄えられたエネルギーになる．すなわち，自己インダクタンス L のコイルに電流 I が流れている場合，コイルに蓄えられるエネルギーは $\frac{1}{2}LI^2$ となる．

十分に長いソレノイドでは，$L = \mu_0 n^2 lS$ であったから，

$$W = \frac{1}{2}\mu_0 n^2 lS \cdot I^2 = \frac{1}{2}\mu_0 n^2 lS \cdot \left(\frac{B}{\mu_0 n}\right)^2 = \frac{B^2}{2mu_0} \cdot lS \tag{7.14}$$

と表され，

$$\frac{W}{lS} = \frac{B^2}{2\mu_0} \tag{7.15}$$

となる．lS は長さ l のソレノイドの内部の体積であり，したがって，式 (7.15) は単位体積あたりのエネルギーを表す．一般に，ソレノイドの場合に限らず磁束密度 $\vec{B}$ の磁場があるところには，単位体積あたり $\dfrac{B^2}{2\mu_0}$ のエネルギーが蓄えられていると考えられる．

7.5 相互誘導

図 7.6 のように接近した 2 つのコイルを考える．コイル 1 を流れる電流を変化させると，この変化によって生じる磁束の変化を妨げるように，もう一方のコイル 2 に誘導起電力が生じる．この現象を**相互誘導**という．このとき，コイル 1 を流れる電流を I_1 とすると，コイル 2 を貫く磁束 Φ_2 は I_1 に比例するので，コイル 2 に生じる誘導起電力 $V_2[\mathrm{V}]$ は，

$$V_2 = -\frac{\mathrm{d}\Phi_2}{\mathrm{d}t} = -M\frac{\mathrm{d}I_1}{\mathrm{d}t} \tag{7.16}$$

で表される．この比例定数 M を**相互インダクタンス**といい，単位には [H] が用いられる．相互インダクタンスは，コイルの形状，巻き数，位置関係などできまる．コイル 1 とコイル 2 を入れかえても同様な関係が得られる．

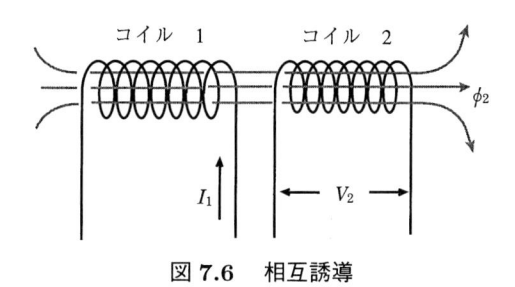

図 7.6 相互誘導

7.6 交 流

図 7.7 に示すように，磁束密度の大きさ B の一様な磁場の中に面積 S のコイルを置き，このコイルを角速度 $\omega[\mathrm{rad/s}]$ で回転させる．コイル面の法線

が磁束密度 $\vec{B}$ となす角を $\theta[\mathrm{rad}]$ とすると，コイルを貫く磁束 Φ は，

$$\Phi = BS\cos\theta = BS\cos\omega t \tag{7.17}$$

と表される．すると，コイルには誘導起電力

$$V = -\frac{\mathrm{d}}{\mathrm{d}t}\Phi = -\frac{\mathrm{d}}{\mathrm{d}t}BS\cos\omega t = \omega BS\sin\omega t = V_0\sin\omega t \tag{7.18}$$

が発生する．ここで，$V_0 = \omega BS$ は起電力の最大値 (振幅) である．

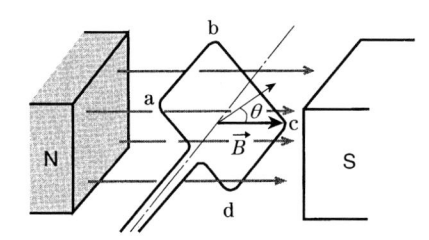

図 **7.7** 一様な磁場の中を角速度 ω で回転するコイル

式 (7.18) で表される V の時間変化のようすを図 7.8 に示す．このように，符号と大きさが周期的に変わる起電力のことを，**交流起電力**または**交流電圧**という．交流の**周期** $T[\mathrm{s}]$ は，

$$T = \frac{2\pi}{\omega} \tag{7.19}$$

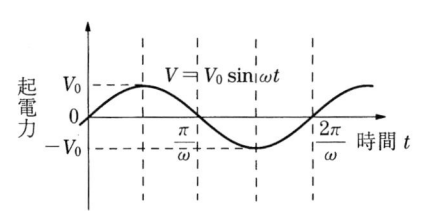

図 **7.8** コイルに生じる誘導起電力

であり，**周波数** $f[\mathrm{Hz}]$ は，

$$f = \frac{1}{T} = \frac{\omega}{2\pi} \tag{7.20}$$

である．ω を**角周波数**とよぶこともある．一般家庭に送電されているのは交流である．

7.7 交流と抵抗

図 7.9 のように，抵抗に交流電圧が加えられた場合にも，直流回路と同じキルヒホッフの法則が任意の瞬間について成り立つ．

いま，抵抗 R に $V = V_0 \sin\omega t$ で表される交流電圧を加える．このとき，抵抗 R に電流 I が流れているとすると，キルヒホッフの第 2 法則から，$V - RI = 0$ となる．したがって，電流 I は，

$$I = \frac{V}{R} = \frac{V_0}{R}\sin\omega t = I_0 \sin\omega t \tag{7.21}$$

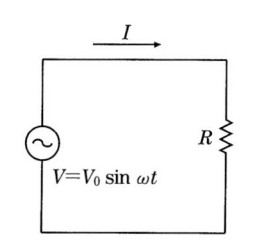

図 **7.9** 抵抗に交流電圧を加える

と表される．向きと大きさが周期的に変わる電流のことを**交流電流**という．ここで，$I_0 = \dfrac{V_0}{R}$ は電流の最大値である．電圧と電流の**位相**[*23)]は同じで，変わらない．

抵抗で消費される電力 P は，

$$P = IV = I_0 V_0 \sin^2 \omega t = \frac{I_0 V_0}{2}(1 - \cos 2\omega t) \tag{7.22}$$

となる．$\cos 2\omega t$ を 1 周期について時間平均すると 0 であるから，電力の平均値は，

$$\bar{P} = \frac{1}{2} I_0 V_0 \tag{7.23}$$

[*23)] 三角関数の角度の部分を位相という．

となる．ここで，式 (7.23) の右辺の量を，それぞれ

$$I_e = \frac{I_0}{\sqrt{2}}, \quad V_e = \frac{V_0}{\sqrt{2}} \qquad (7.24)$$

と置きかえると，

$$\bar{P} = I_e V_e = I_e^2 R = \frac{V_e}{R} \qquad (7.25)$$

と表される．I_e, V_e をそれぞれ交流電流，交流電圧の**実効値**とよぶ．家庭に送られてくる交流の電圧は 100 V である．この値は実効値であり，最大値は約 141 V になる．

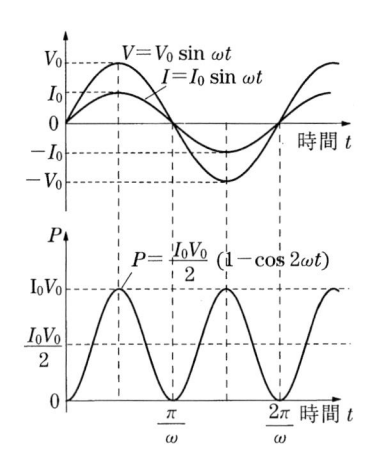

図 7.10 抵抗に流れる電流，電圧，電力の関係

7.8 交流とコイル

コイルに交流電流を流した場合，起電力と抵抗での電圧降下に加え，コイルで発生する誘導起電力を合わせて考えたとき，キルヒホッフの第 2 法則が成り立つ．いま，図 7.11 に示すように，自己インダクタンス L のコイルに $I = I_0 \sin \omega t$ で表される交流電流を流す．このとき，コイルに加わる電圧を V とすると，キルヒホッフの第 2 法則は $V - L\dfrac{dI}{dt} = 0$ と表せる．したがって，電圧 V は

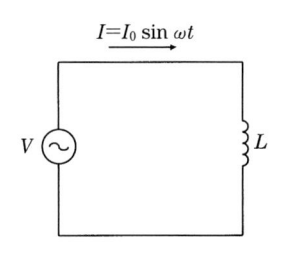

図 7.11 コイルに交流電圧を加える

$$V = L\frac{dI}{dt} = \omega L I_0 \cos \omega t = V_0 \sin(\omega t + \frac{\pi}{2}) \qquad (7.26)$$

となる．ここで，$V_0 = \omega L I_0$ は電圧の最大値である．電圧は電流より位相が $\dfrac{\pi}{2}$ だけ進んでいる．

また，電流の最大値 I_0 と電圧の最大値 V_0 の間には，$V_0 = \omega L I_0$ の関係が

あったので，電流の実効値 $I_e = \dfrac{I_0}{\sqrt{2}}$ と電圧の実効値 $V_e = \dfrac{V_0}{\sqrt{2}}$ の間にも，

$$V_e = \omega L I_e \tag{7.27}$$

の関係がある．式 (7.27) を直流の場合のオームの法則 $V = RI$ と比べると，この ωL は交流の場合の抵抗に相当する量であり，コイルの**リアクタンス**という．リアクタンスの単位は**オーム**（記号 Ω）が用いられる．

コイルで消費される電力は $P = IV = \dfrac{I_0 V_0}{2} \sin 2\omega t$ となるが，1 周期 T について時間平均すると 0 になる．つまり，コイルでは電力を消費しない．

7.9　交流とコンデンサー

コンデンサーを直流電源につないだ場合は，充電が完了すると，電流は流れなくなり，抵抗は無限大になる．しかし，交流電源にコンデンサーをつなぐと，充電と放電がくりかえされる．この場合には，起電力と抵抗による電圧降下のほかに，各瞬間におけるコンデンサー極板間の電位差を考慮に入れて，キルヒホッフの第 2 法則が成り立つ．

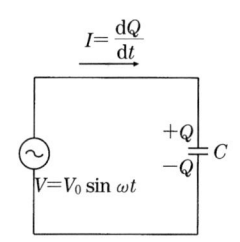

図 7.12　コンデンサーに交流電圧を加える

いま，図 7.12 に示す回路で，電気容量 C のコンデンサーに，交流電圧 $V = V_0 \sin \omega t$ を加える．コンデンサーの電荷を Q とすると，キルヒホッフの第 2 法則は，$V - \dfrac{Q}{C} = 0$ と表せる．すると，回路に流れる電流 I は，

$$I = \frac{dQ}{dt} = C\frac{dV}{dt} = \omega C V_0 \cos \omega t = I_0 \sin\left(\omega t + \frac{\pi}{2}\right) \tag{7.28}$$

と表される．ここで，$I_0 = \omega C V_0$ は電圧の最大値である．電流は電圧より位相が $\dfrac{\pi}{2}$ 進んでいる．

このとき，電流の実効値 I_e と電圧の実効値 V_e の間には，

$$V_e = \frac{I_e}{\omega C} \tag{7.29}$$

の関係がある．$\frac{1}{\omega C}$ は，直流の場合の抵抗やコイルのリアクタンス ωL に相当し，コンデンサーの**リアクタンス**という．リアクタンスの単位は**オーム**（記号 Ω）である．

コンデンサーで消費される電力は，コイルの場合と同様に時間平均はゼロとなり，コンデンサーでも電力を消費しない．

7.10　電気振動

いま，図 7.13 のように自己インダクタンス L[H] のコイルと容量 C[F] のコンデンサーからなる回路を考え，何らかの方法でコンデンサーに電荷を蓄えたとする．このとき，極板 A に正電荷 Q[C] が蓄えられたとする．すると，起電力 $\frac{Q}{C}$[V]

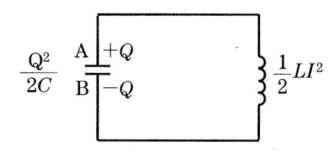

図 7.13　振動回路

をもつコンデンサーから電流がコイルに流れはじめる．コイルには自己誘導によって逆向きに起電力 $L\frac{dI}{dt}$[V] を生じ，コンデンサーの電荷が 0 になっても同じ向きに電流を流し続けようとする．その結果，コンデンサーの極板 B に正電荷が蓄えられていき，その電荷の量が Q[C] に達し，それからはじめと逆向きに放電電流が流れ出す．このようにお互いに逆向きで，同じ大きさの起電力を生じながら，この過程が繰り返されて，回路には交互に向きの変わる電流が流れることになる．この現象を**電気振動**といい，流れる電流を**振動電流**という．

電気振動の状態では，コンデンサーとコイルには，同じ大きさで向きが反対の起電力が生じている．式 (7.27) と (7.29) より，

$$\omega L I = \frac{I}{\omega C} \tag{7.30}$$

したがって，

$$\omega^2 = \frac{1}{LC} \tag{7.31}$$

という関係が得られ，電気振動の周波数 f_0[Hz] は，

$$f_0 = \frac{\omega}{2\pi} = \frac{1}{2\pi\sqrt{LC}} \tag{7.32}$$

となる．この f_0 を回路の**固有振動数**という．交流電源をこの回路につなぎ，電圧の周波数を変えていくと，周波数が固有振動数に等しくなったところで回路に流れる電流が非常に大きくなる．この現象を**共振**とよぶ．

振動状態では，コンデンサーに蓄えられる電場のエネルギー $\frac{Q^2}{2C} = \frac{1}{2}CV^2$ と，コイルに蓄えられる磁場のエネルギー $\frac{1}{2}LI^2$ が互いに移りあうことをくり返している．

7.11 電 磁 波

定常電流が流れている導線のまわりの空間には磁場が生じる．そして，磁場を表す磁束密度と定常電流の間には，アンペールの法則が成り立っている．電流が時間的に変化する交流電流の場合には，アンペールの法則はどうなるだろうか．

マクスウェル (1831–1879)

平行板コンデンサーに交流電源をつなぐと，導線には式 (7.28) で与えられる電流が流れる．すると，導線のまわりには，アンペールの法則にしたがう磁場が生じる．ところが，そればかりでなく，コンデンサーの極板の間にも磁束密度が発生していることが実験によって確かめられている．しかし，コンデンサーの極板の間には導体はないから，自由電子が移動しているわけではない．

コンデンサーを含む回路の導線に流れている電流を I とし，このときにコンデンサーの極板に蓄えられている電荷を Q とすると，

$$I = \frac{dQ}{dt} \tag{7.33}$$

の関係がある．一方，極板の面積を S とすれば，式 (5.33) から，Q と極板

の間の電場の強さ E の間には，

$$Q = \varepsilon_0 S E \tag{7.34}$$

の関係が成り立つ．この式の両辺を時間 t で微分すると，

$$\frac{\mathrm{d}Q}{\mathrm{d}t} = \varepsilon_0 S \frac{\mathrm{d}E}{\mathrm{d}t} \tag{7.35}$$

となる．そこで，導線を電流 I が流れているのと同じように，極板間にも $\varepsilon_0 S \dfrac{\mathrm{d}E}{\mathrm{d}t}$ の電流が流れていると考えると，

$$I = \varepsilon_0 S \frac{\mathrm{d}E}{\mathrm{d}t} \tag{7.36}$$

という関係が成り立つ．

マクスウェルは，極板間を流れるこの電流も磁束密度を発生させることができると考え，アンペールの法則を

$$\int_C \vec{B} \cdot \mathrm{d}\vec{r} = \mu_0 \left(I + \varepsilon_0 S \frac{\mathrm{d}E}{\mathrm{d}t} \right) \tag{7.37}$$

と書き直した．$\varepsilon_0 S \dfrac{\mathrm{d}E}{\mathrm{d}t}$ のことを**変位電流**または**電束電流**とよぶ．電流の流れている導線のまわりには磁場が生じるが，それとまったく同じように，変位電流のまわりにも磁場が生じる．

時間的に変化する電場があれば，そこには変位電流が流れるが，そのまわりには磁場が生じる．磁場が生じれば，ファラデーの電磁誘導の法則により，そのまわりに電場がつくられる．このように，電場と磁場がお互いの変化によってつくられ，空間を波として伝わっていく (図 7.14)．この波のことを**電磁波**という．電磁波の存在はマクスウェルによって予言されたが，1888 年ヘルツによって実験的に確かめられた．さらに，電磁波が回折や干渉を起こすことから波 (横波) であることや，電磁波の速さが光の速さと同じであることも確かめられた．

7.11 電磁波

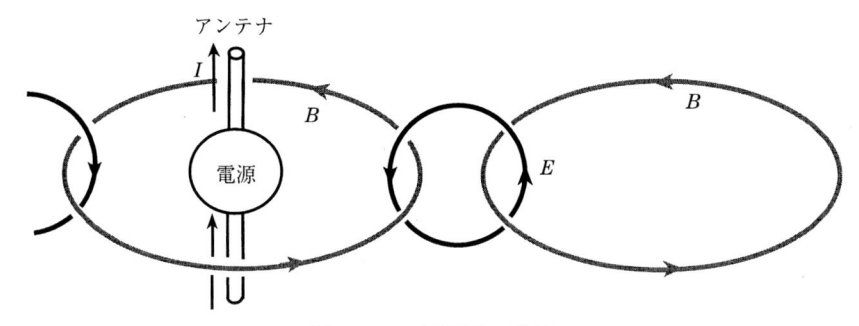

図 7.14 電磁波の様子
アンテナに振動電流が流れると，その周囲には磁場が生じ，その磁場がまた電場をつくり，と次々に電場と磁場が発生して，光の速さで空間を伝わっていく．

　今では，電磁波は，ラジオやテレビ，携帯電話，電子レンジなどに広く利用されている．電磁波の一種である光は，もとより私たちの生活に重要なものである．なによりもまず，私たちの食べ物は，植物が光を使って合成したデンプンなどがもとになっている．そればかりでなく，最近では光と光ファイバーを用いた通信もおこなわれている．また，非常に振動数の高い電磁波の一種であるX線やガンマ線は，医療などに利用されている．

第7章の問題

A

[電磁誘導，磁場の中を動く導体に生じる起電力]

1. 図のように，2つのコイルがあり，右のコイルには電池とスイッチが接続されている．スイッチを入れたときと，スイッチを入れた状態から切ったときに，左のコイルに流れる電流の向きを矢印で，また誘導起電力の極性を +，- の記号を用いて図中に示せ．

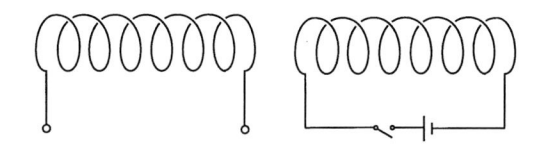

2. 断面積 $2.0 \times 10^{-2} \mathrm{m}^2$ で 200 回巻きのコイルがある．いま，コイルを貫いていた磁束密度が 2 秒間に 50 T から 10 T に減少した．コイルに誘導される起電力の大きさは何 V か．

[自己誘導，相互誘導]

3. コイルに流れる電流が 1 秒間に 2 A の割合で変化するとき，24 V の誘導起電力が生じた．コイルの自己インダクタンスは何 H か．

4. 2つのコイルが並べておいてある．コイル間の相互インダクタンスが 5.0×10^{-2} H とすると，一方のコイルに 1 秒間に 2 A の割合で電流が変化するとき，もう一方のコイルの端子間に生じる誘導起電力の大きさは何 V か．

第 7 章の問題

[交流，交流と抵抗，交流とコイル，交流とコンデンサー，電気振動，電磁波]

5. 磁束密度 6.4×10^{-2} T の一様な磁場の中で，面積が 1.0×10^{-2} m^2 の一巻きのコイルの回転軸を磁場に対して垂直になるようにおき，毎秒 250 回転させた．コイルに発生する誘導起電力の最大値は何 V か．

6. 交流電圧が $V = 80 \sin 100t$ で表されるとする．
   (1) 電圧の最大値を求めよ．
   (2) 電圧の実効値を求めよ．
   (3) 角周波数を求めよ．
   (4) 周波数を求めよ．

7. 図 7.9 の回路で，抵抗 50 Ω に交流電圧 $V = 141 \sin 50t$ [V] を加えた．
   (1) 電圧の実効値は何 V か．
   (2) 回路を流れる電流は何 A か．
   (3) 抵抗で消費される電力の平均値は何 W か．

8. 図 7.11 の回路で，自己インダクタンス 5 mH のコイルに交流電流 $I = 100 \sin 50t$ [A] を流した．
   (1) コイルに加わる電圧の最大値は何 V か．
   (2) 電圧の実効値は何 V か．

B

1. 図 7.3 に示した「コ」の字型の導線の上に長さ 10cm の導体棒 ef をおく．この導線と導体棒によってできる面に対して垂直で上向きに磁束密度 3.0×10^{-2} T の一様な磁場があるとする．いま，導体棒 ef を速さ 20 m/s で図の右方向に動かしたときの誘導起電力の大きさを求めよ．

2. 図 7.4 に示すような磁束密度 5.0×10^{-2} T の一様な磁場に，長さ 0.2 m の導体棒を磁場に垂直におき，導体棒を図の向きに速さ 1.0 m/s で動かした．導体棒 ab 間に生じる誘導起電力の大きさを求めよ．

3. 自己インダクタンス 0.60 H のコイルに電流が 0.20 A 流れているときのコイルに蓄えられたエネルギーを求めよ．

4. コイルの断面を向かい合わせた2つのコイルがあり，一方のコイルを流れる電流が 0.20 秒間に 1.0 A から 3.0 A に増加したときに，もう一方のコイルに 3 V の誘導起電力が生じた．相互インダクタンスを求めよ．
5. 図 7.12 の回路で，電気容量 2×10^{-12} F のコンデンサーに $V = 200 \sin 80t$ [V] の交流電圧を加えた．このとき，回路を流れる電流の最大値を求めよ．また，電流の実効値を求めよ．
6. 図 7.13 に示す振動回路がある．コンデンサーの電気容量 C は 2.0×10^{-12} F で，コイルの自己インダクタンスは L [H] である．はじめ，コンデンサーには 6.3×10^{-11} C の電荷が蓄えられていたとする．ある時刻にコンデンサーの電荷が 0 になり，同時にコイルを流れる電流の大きさは 2.0×10^{-3} A となった．コイルの自己インダクタンスを求めよ．
7. 900 kHz の放送電波を聞くために，自己インダクタンス 2 mH のコイルと電気容量 C[F] のコンデンサーを用意した．コンデンサーの電気容量をいくらにすれば，放送を聞くことが可能か．

第1章の解答

A

1. $\dfrac{100\ [\text{m}]}{10\ [\text{s}]} = 10\ [\text{m/s}]$
   $10\ [\text{m/s}] = (10\ [\text{m}] \times 60 \times 60)/\text{h} = 36\ [\text{km/h}]$

2. $\dfrac{14\ [\text{km}]}{12\ 分} \times 60 = 70\ [\text{km/h}]$

3.

    (グラフ: 縦軸 v (m/s), 横軸 t (s); 6.0 から 2.0 〜 5.0、-4.0 で 5.0 〜 8.0)

4. 距離$= 5\ [\text{m/s}] \times 3 \times 60\ [\text{s}] + 4\ [\text{m/s}] \times 2 \times 60\ [\text{s}] = 1380\ [\text{m}]$
    平均の速さ$= \dfrac{1380\ [\text{m}]}{3+2\ 分} = 276\ [\text{m}/分] = 4.6\ [\text{m/s}]$

5. 平均の加速度$= \dfrac{(25-15)\ [\text{m/s}]}{5\ [\text{s}]} = 2\ [\text{m/s}^2]$

6. 平均の加速度$= \dfrac{(0-8)\ [\text{m/s}]}{20\ [\text{s}]} = -0.4\ [\text{m/s}^2]$

7.

    (グラフ: 縦軸 a (m/s^2), 横軸 t (s); 5 から 10 の間で $a=2.0$)

8. 斜線部分の面積$=$ 高さ v_0 の長方形の面積 $v_0 t +$ 残りの三角形の面積 $\dfrac{1}{2}at^2$

9. 式 (1.32) より, $t = \dfrac{v-v_0}{g}$.
    $y = v_0 t + \dfrac{1}{2}gt^2 = v_0\left(\dfrac{v-v_0}{g}\right) + \dfrac{1}{2}g\left(\dfrac{v-v_0}{g}\right)^2 = \dfrac{v^2-v_0^2}{2g}$

10. 平均の加速度 $a = (8\ [\text{m/s}] - 6\ [\text{m/s}])/20\ [\text{s}] = 0.1\ [\text{m/s}^2]$
    式 (1.16) より, 移動距離 $x = (v^2-v_0^2)/2a = (8^2-6^2)/2\times 0.1 = 140\ [\text{m}]$

11. 式 (1.16) より，平均の加速度 $= \dfrac{v^2 - v_0^2}{2x} = \dfrac{0 - 20^2}{2 \times 100} = -2$ [m/s^2]

12. 平行四辺形の法則から，$v = \sqrt{v_1^2 + v_2^2} = \sqrt{3^2 + 4^2} = 5$ [m/s]

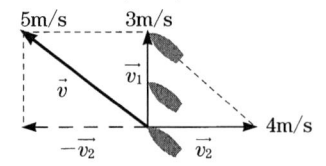

13. 図で $\vec{v} = \vec{v_1} + (-\vec{v_2}) = \vec{v_1} - \vec{v_2}$ の速度．$v = 5$ [m/s]

14. 水面に達したときの小石の速さは，式 (1.29) より $v = gt = 9.8 \times 2 = 19.6$ m/s．

橋の高さは，式 (1.30) より $y = \dfrac{1}{2}gt^2 = \dfrac{1}{2} \times 9.8 \times 2^2 = 19.6$ m

15. ボールが地上に達するときの速さは，式 (1.31) より

$$v = \sqrt{2gy} = \sqrt{2 \times 9.8 \times 10} = 14 \text{ [m/s]}$$

ボールが地上に達するまでにかかる時間は，式 (1.30) より

$$t = \sqrt{\dfrac{2y}{g}} = \sqrt{\dfrac{2 \times 10}{9.8}} \fallingdotseq 1.4 \text{ s}$$

16. 式 (1.33) より，小石の初速度は，

$$v_0 = \dfrac{\left(y - \dfrac{1}{2}gt^2\right)}{t} = \dfrac{\left(30 - \dfrac{1}{2} \times 9.8 \times 2^2\right)}{2} = 5.2 \text{ [m/s]}$$

式 (1.32) より，小石が地面に達したときの速さは，

$$v = v_0 + gt = 5.2 + 9.8 \times 2 = 24.8 \text{ [m/s]}$$

17. (a) 式 (1.35) で $v = 0$ として，$0 = v_0 - gt$

$\therefore \quad t = \dfrac{v_0}{g}$

(b) 式 (1.37) より $y = \dfrac{v_0^2 - 0}{2g} = \dfrac{v_0^2}{2g}$

18. (a) 式 (1.37) より $v_0^2 - 0 = 2gy$　∴　$v_0 = \sqrt{2gy} = \sqrt{2 \times 9.8 \times 10}$
　　$\fallingdotseq 14 \text{ [m/s]}$
(b) 式 (1.35) より $0 = v_0 - gt$　∴　$t = \dfrac{v_0}{g} = \dfrac{14}{9.8} \fallingdotseq 1.4 \text{ [s]}$
(c) 2秒後の小球の速度は $v = v_0 - gt = 14 - 9.8 \times 2 = -5.6 \text{ [m/s]}$
小球には，つねに $-g$ の加速度が生じている．

19. (a) 式 (1.42) から，$t^2 = \dfrac{2y}{g}$, $t = \sqrt{\dfrac{2y}{g}} = \sqrt{\dfrac{2 \times 20}{9.8}} \fallingdotseq 2 \text{ [s]}$
(b) 式 (1.41) から $x = v_0 t = 5 \times 2 = 10 \text{ [m]}$

20. 最高点では速度の鉛直方向成分が 0 になるので，投げ上げてから最高点に達するまでの時間は，式 (1.45) より $0 = v_0 \sin\theta - gt$
　　∴　$t = \dfrac{v_0 \sin\theta}{g}$. これを式 (1.48) に代入して，

$$y(\text{最高点}) = v_0 \sin\theta \cdot t - \frac{1}{2}gt^2$$
$$= v_0 \sin\theta \cdot \left(\frac{v_0 \sin\theta}{g}\right) - \frac{1}{2}g\left(\frac{v_0 \sin\theta}{g}\right)^2 = \frac{(v_0 \sin\theta)^2}{2g}$$

（注）式 (1.49) で y を x で微分して求める方法でも確かめてみよ．

B

1. $\displaystyle\int (v_0 + at)\mathrm{d}t = v_0 \int \mathrm{d}t + a\int t\,\mathrm{d}t = v_0 t + \dfrac{a}{2}t^2$

2. $\dfrac{\mathrm{d}y}{\mathrm{d}t} = \dfrac{\mathrm{d}}{\mathrm{d}t}\left(v_0 t - \dfrac{1}{2}gt^2\right) = \dfrac{\mathrm{d}}{\mathrm{d}t}(v_0 t) - \dfrac{\mathrm{d}}{\mathrm{d}t}\left(\dfrac{1}{2}gt^2\right) = v_0 - gt$

3. $v_x = \dfrac{\mathrm{d}x}{\mathrm{d}t} = \dfrac{\mathrm{d}}{\mathrm{d}t}(v_0 t) = v_0$
　$v_y = \dfrac{\mathrm{d}y}{\mathrm{d}t} = \dfrac{\mathrm{d}}{\mathrm{d}t}\left(\dfrac{1}{2}gt^2\right) = \dfrac{1}{2}g\dfrac{\mathrm{d}}{\mathrm{d}t}(t^2) = gt$

4. 6 m/s

5.

6. (a) 18 m　　(b) 16 m/s　　(c) 6 m/s²
7. 約 0.94 s 後　　24 m/s
8. 落下点の位置は $x = \frac{v_0^2 \sin 2\theta}{g}$. $\theta = \frac{\pi}{4}(=45°)$ のとき，最長到達距離は $\frac{v_0^2}{g}$.

第2章の解答

A

1. 月面上での物体にはたらく重力は地球上の約 1/6 に減るので，60 kgw/6 = 10 kgw

2. 50 [kgw]×6 = 300 [kgw]

3. 第1章1.11節の表1.1より，重力加速度の大きい東京の方が，同じ荷物でもわずかに重くなる．

4. A, B が加えている力をそれぞれ F_A, F_B [kgw] とすると，式 (2.5) より，

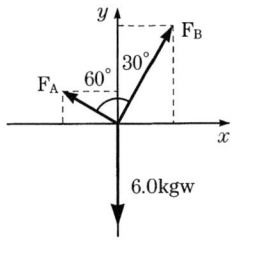

$$-F_A \cos 30° + F_B \cos 60° = 0$$

$$F_A \sin 30° + F_B \sin 60° - 6.0 = 0$$

この2式より，$F_A = 3.0$ kgw, $F_B = 3\sqrt{3} \fallingdotseq 5.2$ kgw

5. 合力 $\vec{F}$ の x 成分は，4つの力 $\vec{F_1}, \vec{F_2}, \vec{F_3}, \vec{F_4}$ の x 成分の和であるから，$(4+2+(-4)+(-3)) = -1$ kgw，また合力 $\vec{F}$ の y 成分は4つの力の y 成分の和であり，$(5+(-4)+3+(-2)) = 2$ kgw. 合力 $\vec{F}$ の大きさは $\sqrt{(-1)^2 + 2^2} = \sqrt{5} \fallingdotseq 2.2$ kgw である．

問 題 解 答

6. 天上からおもりをつるしている糸の張力は 1.4 kgw.
水平に引いた糸の張力は 1.0 kgw.（右図）

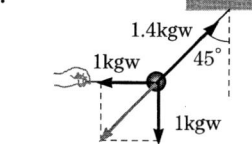

7. $F = kx$ より,
$$k = \frac{F}{x} = \frac{15\,[\text{g}]}{2\,[\text{cm}]} = \frac{0.015\,[\text{kgw}]}{0.02\,[\text{m}]} = 0.75\,[\text{kgw/m}]$$

8. ばねの自然の長さからののびは, $x = \dfrac{F}{k} = \dfrac{0.03\,[\text{kgw}]}{0.75\,[\text{kgw/m}]} = 0.04\,[\text{m}] = 4.0\,[\text{cm}]$ であるから, ばねの長さは $10\,[\text{cm}] + 4.0\,[\text{cm}] = 14\,[\text{cm}]$

9. 作用線までの距離は $l = \dfrac{\sqrt{3}}{2} \times 20\,\text{cm} = 17\,\text{cm}$ であるから,
$$N = Fl = 0.4\,[\text{kgw}] \times 0.17\,[\text{m}] = 6.8 \times 10^{-2}\,[\text{kgw} \cdot \text{m}]$$

10. (a) 点 O にはたらく糸の張力の大きさを F [kgw] とすると, 式 (2.9) から $F - 1.0 - 3.0 = 0$, よって $F = 4.0$ kgw
(b) 点 O のまわりの力のモーメントは, $\text{AO} = x$ [m], $\text{OB} = 1 - x$ [m] とすると, 式 (2.10) から, $1.0\,[\text{kgw}] \times x\,[\text{m}] + (-(1-x)\,[\text{m}] \times 3.0\,[\text{kgw}]) = 0$, よって $x = 0.75$ m

11. $ma = F$ より, $a = \dfrac{F}{m} = \dfrac{0.5 \times 9.8\,[\text{N}]}{1.0\,[\text{kg}]} = 4.9\,[\text{m/s}^2]$

12. 斜面にそって上向きの動摩擦力と, 重力の斜面に沿って下向きの成分の大きさが等しいので, $f' = mg\sin\theta = 2.0 \times 9.8 \times \sin 30° = 9.8$ N.

13. $ma = m(g + 2.0) = 50 \times (9.8 + 2.0) = 590\,\text{N} \fallingdotseq 60$ kgw. よって, 体重の増加は約 10 kgw.

14. エレベーターの加速度を a として,
$$(M + m)a = T - (M + m)g \quad \therefore \quad a = \frac{T}{M + m} - g$$

15. 略

16. 物体が受けた力積は, 大きさが $F\Delta t = 50\,[\text{N}] \times 10\,[\text{s}] = 500\,[\text{N} \cdot \text{s}]$ で, 西向き.

17. 物体が受けた力積が運動量の変化に等しいことから, 物体の初速度を v_0 とすると, 物体がもっていた速度は
$$mv_0 = F\Delta t \quad \therefore \quad v_0 = \frac{F\Delta t}{m} = \frac{500}{50.0} = 10\,[\text{m/s}]$$

18. (a) 壁から遠ざかる向きを正の向きとすると，衝突前の自動車の運動量は，

$$p_{衝突前} = mv_{衝突前} = 1500\,[\text{kg}] \times (-10\,[\text{m/s}]) = -1.5 \times 10^4\,[\text{kg}\cdot\text{m/s}]$$

衝突後の自動車の運動量は，

$$p_{衝突後} = mv_{衝突後} = 1500\,[\text{kg}] \times (2.0\,[\text{m/s}]) = 3.0 \times 10^3\,[\text{kg}\cdot\text{m/s}]$$

力積は衝突前後の運動量の変化に等しいので，

$$力積 = p_{衝突後} - p_{衝突前} = 3.0 \times 10^3 - (-1.5 \times 10^4) = 1.8 \times 10^4\,[\text{kg}\cdot\text{m/s}]$$

(b) $\displaystyle 平均の力 = \frac{力積}{\Delta t} = \frac{1.8 \times 10^4\,[\text{kg}\cdot\text{m/s}]}{0.2\,[\text{s}]} = 9.0 \times 10^4\,[\text{N}]$

19.（連結後の運動量）$(m+2m)v =$（連結前の運動量）mv_0 であるから，$v = v_0/3$

20. 式 (1.31) から，床に衝突する直前のボールの速さ v は，

$$v = \sqrt{2gy} = \sqrt{2 \times 9.8 \times 1} \fallingdotseq 4.4\,[\text{m/s}]$$

衝突直後のボールの速さを v' とすると，ボールは初速度 v' で鉛直上方に投げ上げられたことに等しく，

$$v' = \sqrt{2gy'} = \sqrt{2 \times 9.8 \times 0.8} \fallingdotseq 4.0\,[\text{m/s}]$$

よって，反発係数 e は $e = \left|\dfrac{v'}{v}\right| = \dfrac{4.0}{4.4} \fallingdotseq 0.9$．

21. 反発係数を e，ボールのはじめの高さを h，衝突後に上がる高さを h'，衝突直前の速さを v，衝突直後の速さを v' とすれば，式 (1.31)，(2.25) から，$v' = ev = e\sqrt{2gh} = \sqrt{2gh'}$，よって $h' = e^2 h = (0.6)^2 \times 2.0\,[\text{m}] = 0.72\,[\text{m}]$．

22. (a) 前問より，$v' = e\sqrt{2gh} = 0.6 \times \sqrt{2 \times 9.8 \times 2.0} \fallingdotseq 3.8\,[\text{m/s}]$．

(b) 平均の力を F，接触時間を Δt とすれば，

$$F\Delta t = m(v - (-v')) = m(v + v') = mv(1 + e) = m\sqrt{2gh}(1 + e)$$

$$F = \frac{m\sqrt{2gh}(1+e)}{\Delta t} = \frac{0.5 \times \sqrt{2 \times 9.8 \times 2.0} \times (1 + 0.6)}{0.01} \fallingdotseq 5.0 \times 10^2\,[\text{N}]$$

23. 右向きを正とし,衝突後の A, B の速度をそれぞれ v_A, v_B とすると,

$$5.0 \times 4.0 + 10 \times (-2.0) = 5.0 v_A + 10 v_B$$

式 (2.26) から,

$$0.6 = -\frac{v_A - v_B}{4.0 - (-2.0)}$$

この両式から,$v_A = -2.4$ m/s,$v_B = 1.2$ m/s.
A:左向きに 2.4 m/s,B:右向きに 1.2 m/s.

B

1. 0.5 kgw   5.0 kgw/m
2. 4.0 m/s²   8.0 N
3. (a) $a = \left(\dfrac{m_B - m_A}{m_A + m_B}\right)g$ (b) $T = \left(\dfrac{2 m_A m_B}{m_A + n_B}\right)g$
4. (a) $\beta = 90°$ (b) $\beta = 30°$ (c) $e = 0.33$
5. (a) 5.0 N·s   (b) 250 N   (c) 20 m/s   (d) 0.67
6. $v_A = \dfrac{\sqrt{3}}{2} v_0$, $v_B = \dfrac{1}{2} v_0$

第 3 章の解答

A

1. 水平な床から垂直に引き上げるとき:$W = mg \times h = mgh$ [J]
   斜面に沿って引き上げるとき:$W = mg \sin\theta \times \dfrac{h}{\sin\theta} = mgh$ [J]

2. 持ち上げるときの仕事：$2.0\,[\text{kg}] \times 9.8\,[\text{m/s}^2] \times 1.0\,[\text{m}] = 19.6\,[\text{J}]$
   引き下ろすときの仕事：$2.0\,[\text{kg}] \times 9.8\,[\text{m/s}^2] \times (-1.0\,[\text{m}]) = -19.6\,[\text{J}]$

3. 時間 Δt の間に，物体が移動した距離を Δs とすると，$\Delta s = v\Delta t$ となり，その間に力 F がした仕事 ΔW は，$\Delta W = F\Delta s = Fv\Delta t$ となるので，力 F がする仕事率は $\dfrac{\Delta W}{\Delta t} = Fv$ で表される．

4. 前問の結果から，$F = 60\,[\text{kg}] \times 9.8\,[\text{m/s}^2]$, $v = \dfrac{3\,[\text{m}]}{4\,[\text{s}]}$, $\therefore$ 仕事率 $Fv = 4.4 \times 10^2\,[\text{W}]$

5. 運動エネルギー $K = \dfrac{1}{2}mv^2 = \dfrac{1}{2} \times 1000 \times \left(\dfrac{72 \times 10^3}{3600}\right)^2 = 2.0 \times 10^5\,[\text{J}]$

6. 運動量の変化＝力積：$F\Delta t = 1.5 \times 6.0 = 9.0\,[\text{N·s}]$
   運動エネルギー＝力のした仕事：$W = Fs = 1.5 \times 8.0 = 12\,[\text{J}]$

7. (a) $Fs = 20 \times 10 = 2.0 \times 10^2\,[\text{J}]$
   (b) $\dfrac{Fs}{\Delta t} = \dfrac{20 \times 10}{5} = 40\,[\text{W}]$
   (c) $\mu' = \dfrac{F}{mg} = \dfrac{20}{5 \times 9.8} \fallingdotseq 0.41$

8. $U = mgh = 5.0 \times 9.8 \times 10 = 4.9 \times 10^2\,[\text{J}]$

9. 物体が 4 階の床面にあるときは，基準面からの高さが 8.0 m だから，$U = mgh = 10 \times 9.8 \times 8.0 \fallingdotseq 7.8 \times 10^2$ J．1 階の床面にあるときは，基準面からの高さが -4.0 m だから，$U = 10 \times 9.8 \times (-4.0) \fallingdotseq -3.9 \times 10^2\,[\text{J}]$．

10. 落下によってボールの得た運動エネルギーの大きさは，床面を基準としたときの，1.0 m の高さにおける物体の重力による位置エネルギーに等しい．
$$\dfrac{1}{2}mv^2 = mgh = 0.5 \times 9.8 \times 1.0 = 4.9\,[\text{J}]$$

11. 物体の移動による重力による位置エネルギーの変化分が，その間の運動エネルギーの増加分に等しい．
$$mgh = \dfrac{1}{2}mv^2 \quad \therefore\ v = \sqrt{2gh} = \sqrt{2 \times 9.8 \times 0.5} = 3.1\,[\text{m/s}]$$

12. $F = kx$ より，$k = \dfrac{F}{x} = \dfrac{5.0}{0.1} = 50\,[\text{N/m}]$
    よって，$\dfrac{1}{2}kx^2 = \dfrac{1}{2} \times 50 \times (0.05)^2 = 6.3 \times 10^{-2}\,[\text{J}]$

13. $k = \dfrac{F}{x} = \dfrac{0.5 \times 9.8}{0.30 - 0.20} = 49$ [N/m], $\quad \dfrac{1}{2}kx^2 = \dfrac{1}{2} \times 49 \times (0.1)^2 \fallingdotseq 0.25$ [J]

14. (a) ばねが自然の長さになった瞬間のおもりの速さを v_0 として, $\dfrac{1}{2}kx^2 = \dfrac{1}{2}mv_0^2$ より, $v_0 = x\sqrt{\dfrac{k}{m}} = 0.15 \times \sqrt{\dfrac{100}{0.25}} = 3.0$ [m/s].

(b) $\dfrac{1}{2}mv^2 + \dfrac{1}{2}kx^2 = \dfrac{1}{2}mv_0^2$ より,

$$v = \sqrt{v_0^2 - \dfrac{k}{m}x^2} = \sqrt{(3.0)^2 - \dfrac{100}{0.25}(0.10)^2} = 2.2 \text{ [m/s]}$$

15. $mg(h_1 - h_2) = 50 \times 9.8 \times (200 - 100) = 4.9 \times 10^4$ [J]

16. (a) $-f's = -\mu'Ns = -\mu'mgs = -0.25 \times 4.0 \times 9.8 \times 1.0 = -9.8$ [J]

(b) $-f's = -\mu'mgs = -0.25 \times 4.0 \times 9.8 \times (1.0 + 2.0 + 2.0) = -49$ [J]

17. 小球が床と衝突する速さを v とする. 衝突で失われる力学的エネルギーは, $\Delta K = \dfrac{1}{2}mv^2(1 - e^2)$ であるから, $\dfrac{1}{2}mv^2 = mgh$ を代入して, $\Delta K = mgh(1 - e^2)$

18. $v = r\omega = 0.50 \times 2.0 = 1.0$ [m/s] $\quad a = \dfrac{v^2}{r} = \dfrac{(1.0)^2}{0.50} = 2.0$ [m/s²]

19. 周期 $T = \dfrac{10 \text{ s}}{4.0} = 2.5$ s, 回転数 $f = \dfrac{1}{T} = 0.40$ s^{-1}, 角速度 $\omega = 2\pi f = 2 \times 3.14 \times 0.40 = 2.5$ [rad/s], 速さ $v = r\omega = 1.0 \times 2.5 = 2.5$ [m/s], 向心力 $F = \dfrac{mv^2}{r} = 0.4 \times \dfrac{(2.5)^2}{1.0} = 2.5$ [N]

20. (a) ばねの自然の長さからの伸びは 0.10 m であるから, ばねの弾性力 $F = kx = \dfrac{mv^2}{r}$, $v = \sqrt{\dfrac{kx \times r}{m}} = \sqrt{\dfrac{20 \times 0.1 \times 0.5}{0.5}} = \sqrt{2} \fallingdotseq 1.4$ [m/s]

(b) ばねの自然の長さからの伸びは (a) の場合と同じく 0.10 m であるから, $v = \sqrt{\dfrac{20 \times 0.1 \times 0.5}{0.25}} = 2.0$ [m/s]

21. (a) 一定の速度で走る電車に固定した座標系は慣性系であるから $v_0 - gt = 0$ より, $t = \dfrac{v_0}{g} = \dfrac{3.0}{9.8} = 0.31$ s

(b) 外から見たボールの初速度は, 車内の初速度と電車の速度の合成速度であるから, $v = \sqrt{(3.0)^2 + (4.0)^2} = 5.0$ [m/s]

22. 図より, $a = g\tan\theta$

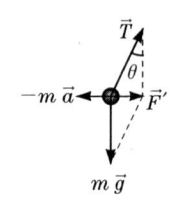

23. 物体にはたらく遠心力と最大摩擦力とのつりあいから,

$$mr\omega^2 = \mu N = \mu mg \qquad \therefore \quad \omega = \sqrt{\frac{\mu g}{r}}$$

24. $F = G\dfrac{Mm}{r^2} = 6.673 \times 10^{-11} \times \dfrac{(50)^2}{(0.50)^2} = 6.7 \times 10^{-7}$ [N]

B

1. $v_0 = a\sqrt{\dfrac{k}{m}}$
2. (a) 60 J   (b) -60 J   (c) $\mu' \fallingdotseq 0.32$
3. (a) 70 N/m   (b) 1.4 J
4. (a) 7.3 J   (b) 3.7 N
5. (a) $\dfrac{mg}{2}$ (b) $\sqrt{gr}$ (c) $2mg$
6. (a) $\sqrt{\dfrac{2h}{g}}$ (b) $\dfrac{ah}{g}$

第4章の解答

A

1. 27°C=27+273=300 K, 177°C=177+273=450 K だから，体積の比は

$$\frac{450}{300} = 1.5$$

したがって，1.5 倍になる．

2. 27°C=27+273=300 K だから，運動エネルギーは

$$\frac{3}{2} \times 1.38 \times 10^{-23} \text{ [J/K]} \times 300 \text{ [K]} = 621 \times 10^{-23} \text{ [J]} = 6.21 \times 10^{-21} \text{ [J]}$$

3. 80°C−0°C = 80°C = 80 K だから

$$4.19 \text{ [kJ/(K} \cdot \text{kg)]} \times 10 \text{ [kg]} \times 80 \text{ [K]} = 3352 \text{ [kJ]} = 3.35 \times 10^6 \text{ [J]}$$

4. 120°C=120 K だから

$$450 \text{ [J/(kg} \cdot \text{K)]} \times 4 \text{ [kg]} \times 120 \text{ [K]} = 216000 \text{ [J]} = 216 \text{ [kJ]} = 2.16 \times 10^6 \text{ [J]}$$

5. 1 m³= 1000 ℓ だから

$$\frac{1000}{22.4} \times 6 \times 10^{23} \fallingdotseq 268 \times 10^{23} \fallingdotseq 2.7 \times 10^{25} \text{ 個}$$

6. この原子 208 g = 0.208 kg で 6×10^{23} 個．したがって，1 個の質量は

$$\frac{0.208 \text{ [kg]}}{6 \times 10^{23}} \fallingdotseq 0.0347 \times 10^{-23} \text{ [kg]} \fallingdotseq 3.5 \times 10^{-25} \text{ [kg]}$$

7. この画面の面積は

$$32.5 \times 24.5 \text{ [cm}^2] = 0.325 \times 0.245 \text{ [m}^2] \fallingdotseq 0.08 \text{ [m}^2]$$

したがって，掛かっている力は

$$1013 \times 100 \text{ [N/m}^2] \times 0.08 \text{ [m}^2] \fallingdotseq 8100 \text{ [N]}$$

質量 m [kg] の物体にはたらく力は mg [N] なので，この力は

$$mg = m \times 10 \text{ [m/s}^2] = 8100 \text{ [N]}$$

から，$m = 810$ kg の質量をもった物体の重さに相当する．

8. 海水面には 1 気圧の力が掛かっているが，水中に潜ると大気圧の他に水の重さが加わる．水の深さを h [m] として，仮想的に底面積 S [m^2] の直方体の水の柱を考えると，その体積は hS [m^3] で，水の密度は 1 g/cm^3 = 10^3 kg/m^3 だから，その部分の質量は $hS \times 10^3$ [kg]．これが底面に与える力は $hS \times 10^3$ [kg] $\times 10$ [m/s^2] $= hS \times 10^4$ [N]．これを S で割ると，単位面積あたりの力，すなわち圧力は

$$h \times 10^4 \text{[N/m}^2]$$

$h = 10$ m とすると，この圧力は 10^5 N/m^2 $\fallingdotseq$ 1 気圧となる．

9. 窒素の分子量は 28 だから 140 g は 5 モル (mol)．また 27°C=300 K．したがって，

$$U = \frac{3}{2} \times 5 \text{ [mol]} \times 8.31 \text{ [J/(mol} \cdot \text{K)]} \times 300 \text{ [K]} \fallingdotseq 1.87 \times 10^5 \text{ [J]}$$

温度が 227°C = 500 K のときには，内部エネルギーはこの $\dfrac{500}{300} = \dfrac{5}{3}$ 倍になる．断熱的に圧縮したのだから，熱の出入りはなく，この内部エネルギーの増加はすべて外からの仕事によるものである．したがって，

$$\left(\frac{5}{3} - 1\right) \times 1.87 \times 10^5 = \frac{2}{3} \times 1.87 \times 10^5 \fallingdotseq 1.25 \times 10^5 \text{ [J]}$$

10. 気体が外にした仕事は

$$1 \times 10^5 \,[\text{Pa}] \times 2 \times 10^{-5} \,[\text{m}^3] = 2 \,[(\text{N/m}^2) \times \text{m}^3] = 2 \,[\text{N} \cdot \text{m}] = 2 \,[\text{J}]$$

これと，外から与えた熱 8 J との差，6 J だけ内部エネルギーが増加した．

11. 熱を吸収するのは A→B, B→C の過程．熱を放出するのは C→D, D→A の過程．

12. $\dfrac{Q_1 - Q_2}{Q_1} = 0.25 = \dfrac{1}{4}$ から，$Q_1 = \dfrac{4}{3}Q_2 = \dfrac{4}{3} \times 3000 = 4000\,[\text{J}]$．したがって，$Q_1 = 4000$ J．$W = Q_1 - Q_2 = 4000 - 3000 = 1000$ J ができる最大の仕事になる．

B

1. 8.31 J/(mol·K)
2. 1.25×10^5 Pa. 20 ℓ.
3. 1890 kJ
4. 0.1°C
5. 省略
6. 約 1300 万年
7. 約 55.6 モル．約 3.3×10^{25} 個．
8. 約 3.3×10^{-27} kg．約 1900 m/s．
9. 約 2.7×10^{15} 個
10. 約 0.33 m
11. $\dfrac{3}{2}R$
12. 外に仕事をするため
13. 24 J．144 J．
14. 省略
15. 非常に多くの分子や原子がいっせいに同じ向きに動くことは，ほとんど起こらない．

第5章の解答

A

1. $F = 9.0 \times 10^9 \times \dfrac{1.0 \times 2.0}{1.0^2} = 1.8 \times 10^{10}$ [N]

2. (1) 静電気力を F, 糸の張力を T, 重力を mg とすると, 図のようになる.

(2) 水平方向：
$$F = \dfrac{T}{\sqrt{2}}$$

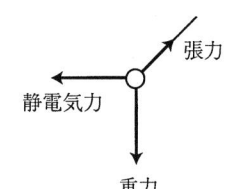

$$9.0 \times 10^9 \dfrac{Q^2}{0.20^2} = \dfrac{T}{\sqrt{2}}$$

鉛直方向： $mg = \dfrac{T}{\sqrt{2}}$, $1.0 \times 10^{-3} \times 10 = \dfrac{T}{\sqrt{2}}$

上記2式より $Q = 2.1 \times 10^{-7}$[C]

3. 電場の強さは
$$E = 9.0 \times 10^9 \dfrac{2.0 \times 10^{-6}}{0.02^2} = 4.5 \times 10^7 \text{ [N/C]([V/m])}$$

電位は
$$V = 9.0 \times 10^9 \dfrac{2.0 \times 10^{-6}}{0.02} = 0.9 \times 10^6 \text{ [V]}$$

4. 電場の強さは
$$E = 9.0 \times 10^9 \dfrac{1.0}{0.5^2} + 9.0 \times 10^9 \dfrac{2.0}{0.5^2} = 1.1 \times 10^{11} \text{ [N/C]([V/m])}$$

電位は
$$V = 9.0 \times 10^9 \dfrac{1.0}{0.5} + 9.0 \times 10^9 \dfrac{2.0}{0.5} = 5.4 \times 10^{10} \text{ [V]}$$

5. $W = qV$ より $V = \dfrac{30}{5} = 6\,[\text{V}]$

6. 点電荷がつくる電場は $E = \dfrac{Q}{4\pi\varepsilon_0 r^2}$ であるから，2 点間の電位差は

$$V = -\int_{1.0}^{0.5} E\,\mathrm{d}r = \dfrac{3\times 10^{-3}}{4\pi\varepsilon_0}\left(\dfrac{1}{0.5} - \dfrac{1}{1.0}\right) = 9\times 10^9 \times 3\times 10^{-3} \times (2-1) = 9\times 10^9\,[\text{V}]$$

7. 並列接続の場合：合成容量を C とすると，$C = 0.2 + 0.3 = 0.5\,[\text{F}]$ となる．$0.2\,\mu\text{F}$，$0.3\,\mu\text{F}$ の 2 つのコンデンサーに蓄えられる電荷をそれぞれ Q_1，Q_2 とすると

$$Q_1 = C_1 V = 0.2\times 10^{-6} \times 10.0 = 2.0\times 10^{-6}\,[\text{C}]$$

$$Q_2 = C_2 V = 0.3\times 10^{-6} \times 10.0 = 3.0\times 10^{-6}\,[\text{C}]$$

直列接続の場合：合成容量を C とすると，$\dfrac{1}{C} = \dfrac{1}{0.2} + \dfrac{1}{0.3} \fallingdotseq 8.33$，よって $C = 0.12\,[\text{F}]$ となる．$0.2\,\mu\text{F}$，$0.3\,\mu\text{F}$ の 2 つのコンデンサーの両端に現れる電圧をそれぞれ V_1，V_2 とすると

$$V_1 = \dfrac{C}{C_1} V = \dfrac{1}{0.2} \times \dfrac{1}{8.33} \times 10.0 \fallingdotseq 6.0\,[\text{V}]$$

$$V_2 = \dfrac{C}{C_2} V = \dfrac{1}{0.3} \times \dfrac{1}{8.33} \times 10.0 \fallingdotseq 4.0\,[\text{V}]$$

8. 蓄えられる電荷 Q は

$$Q = CV = 4\times 10^{-6} \times 50 = 2\times 10^{-4}\,[\text{C}]$$

静電エネルギーは

$$W = \dfrac{1}{2}CV^2 = \dfrac{1}{2} \times 4\times 10^{-6} \times 50^2 = 5\times 10^{-3}\,[\text{J}]$$

9. 導線の抵抗 R は，

$$R = \dfrac{V}{I} = \dfrac{2.0}{100\times 10^{-3}} = 20\,[\Omega]$$

であるので，

$$\rho = \dfrac{RS}{l} = \dfrac{20\times \pi(1.0\times 10^{-3})^2}{3.0} = 2.1\times 10^{-5}\,[\Omega\cdot\text{m}]$$

10. (1) 直列接続なので，$R = 2 + 3 = 5\ [\Omega]$
(2) 並列接続なので，$\dfrac{1}{R} = \dfrac{1}{5} + \dfrac{1}{2} + \dfrac{1}{10}$, $\qquad R = 1.25\ [\Omega]$

B

1. 静電気力は 2.3 N
   接触させた後の静電気力は 1.3 N
2. 5.0×10^2 N
3. 8.9×10^5 N/C （または V/m）
4. 球の中心から 0.1 m の点における電場の強さは 3.6×10^6 N/C (V/m)，
   電位は 3.6×10^5 V
   球の中心から 0.1 cm の点における電場の強さは 4.5×10^9 N/C (V/m)，
   電位は 2.5×10^7 V
5. 5.7×10^{-13} V
6. 電位差は 50 V，電場の強さは 500 V/m
7. 7.1×10^{-4} F
8. 8.9×10^{-2} F
9. 3.6×10^6 J
10.
$$I_1 = \frac{E_1(R_2 + R_3) - E_2 R_3}{R_1 R_2 + R_2 R_3 + R_3 R_1}$$
$$I_2 = \frac{E_2(R_1 + R_3) - E_1 R_3}{R_1 R_2 + R_2 R_3 + R_3 R_1}$$
$$I_3 = \frac{E_1 R_2 + E_2 R_1}{R_1 R_2 + R_2 R_3 + R_3 R_1}$$

第6章の解答

A

1. $\theta = 0° : \Phi = BS\cos\theta = 6.0 \times 10^{-4} \times 5.0 \times \cos 0°$
   $= 3.0 \times 10^{-3}$ [Wb]
   $\theta = 45° : \Phi = 6.0 \times 10^{-4} \times 5.0 \times \cos 45° = \dfrac{3.0 \times 10^{-3}}{\sqrt{2}}$
   $= 2.1 \times 10^{-3}$ [Wb]
   $\theta = 90° : \Phi = 6.0 \times 10^{-4} \times 5.0 \times \cos 90° = 0$ [Wb]

2. $I = \dfrac{2\pi a B}{\mu_0} = \dfrac{2\pi \times 1 \times 10^{-2} \times 1 \times 10^{-4}}{4\pi \times 10^{-7}} = 5$ [A]

3. $B = \dfrac{4\pi \times 10^{-7} \times 5}{2 \times 10 \times 10^{-2}} = 3 \times 10^{-5}$ [T]

4. ソレノイドの場合は，円形電流の集まりと考えればよい．いま，図のように，中心軸上の点 P から中心軸上で距離 b だけ離れた微小部分 Δb に

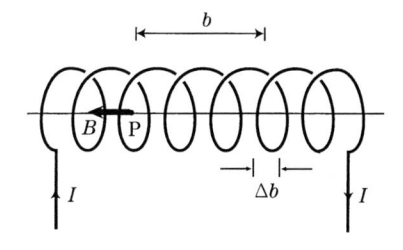

ある円形電流が点 P につくる磁束密度を考える．一巻きの円形電流がつくる磁束密度は式 (6.12) で与えられるから，単位長さあたりの巻き数を

n とすると，Δb 部分の巻き数は $n\Delta b$ 回である．ゆえに，Δb 部分が点 P につくる磁束密度は，

$$\Delta B = \frac{\mu_0 I a^2 n \Delta b}{2(a^2+b^2)^{3/2}}$$

となる．Δb 部分を十分短く取り，$-\infty$ から ∞ まで加え合わせれば，ソレノイドが点 P につくる磁束密度が求まる．

$$B = \int_{-\infty}^{\infty} dB = \frac{\mu_0 I a^2 n}{2} \int_{-\infty}^{\infty} \frac{db}{(a^2+b^2)^{3/2}}$$

ここで，$\dfrac{b}{a} = \tan\theta$ より，$b = a\tan\theta$, $\dfrac{db}{d\theta} = \dfrac{a}{\cos^2\theta}$, $(a^2+b^2)^{-\frac{3}{2}} = b^{-3}\sin^3\theta$ より，

$$B = \frac{\mu_0 I a^2 n}{2} \int_{-\frac{\pi}{2}}^{\frac{\pi}{2}} b^{-3}\sin^3\theta \cdot \frac{a\,d\theta}{\cos^2\theta}$$

$$= \mu_0 I a^3 n \int_0^{\frac{\pi}{2}} (a\tan\theta)^{-3} \cdot \sin^3\theta \cdot \frac{d\theta}{\cos^2\theta}$$

$$= \mu_0 I a^3 n \int_0^{\frac{\pi}{2}} \frac{\cos\theta}{a^3} d\theta = \mu_0 I n [\sin\theta]_0^{\frac{\pi}{2}} = \mu_0 I n$$

5. 半径 2 cm の同心円の閉曲線を考え，アンペールの法則を適用すると，

$$\int \vec{B} \cdot d\vec{r} = B \times 2\pi \times (2 \times 10^{-2}) = 0$$

よって，$B = 0$ [T]

半径 10 cm においても同様にアンペールの法則を適用すると，

$$\int \vec{B} \cdot d\vec{r} = B \times 2\pi \times (10 \times 10^{-2}) = \mu_0 I$$

よって，$B = \dfrac{4\pi \times 10^{-7} \times 2}{2\pi \times 10 \times 10^{-2}} = 4 \times 10^{-6}$ [T]

6. (1) $F = qvB$ [N]
 (2) $m\dfrac{v^2}{r} = qvB$ から，$r = \dfrac{mv}{qB}$ [m]
 (3) $T = \dfrac{2\pi r}{v} = \dfrac{2\pi m}{qB}$ [s]

7. 力の大きさは $F = \dfrac{\mu_0}{2\pi} \dfrac{I_1 I_2}{r} = \dfrac{4\pi \times 10^{-7}}{2\pi} \dfrac{10^2}{0.01} = 2.0 \times 10^{-3}$ [N]

   力の向きは，互いの電流の方向を向く (引力)．

B

1. 8.5×10^{-3} T
2. 2×10^{-5} T
3. 1 m
4. 2.5×10^{-4} T
5. $\theta = 0°: 0$ N $\theta = 90°: 1.6 \times 10^{-13}$ N
6. $\theta = 0°: 0$ N $\theta = 90°: 20$ N

第7章の解答

A

1. 図に示すように電流の向きは，もとの磁束の向きを妨げる向きである．また，コイルの両端に生じる誘導起電力の極性は，誘導電流が流れ出す方が＋極で，誘導電流が流れ込む方が－極となる．

2. コイルに誘導される起電力の大きさは

$$V = n \frac{\Delta \Phi}{\Delta t} = 200 \times \frac{(50-10) \times 2.0 \times 10^{-2}}{2} = 8.0 \times 10^1 \text{ [V]}$$

3. 自己インダクタンスは

$$L = V \frac{dt}{dI} = 24 \times \frac{1}{2} = 12 \text{ [H]}$$

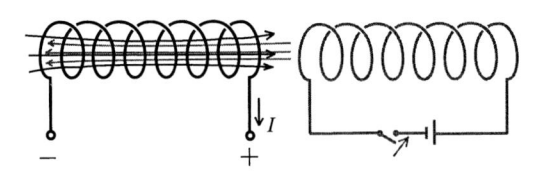

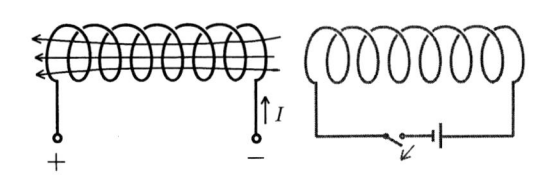

4. 誘導起電力の大きさは

$$V = M\frac{dI}{dt} = 5.0 \times 10^{-2} \times \frac{2}{1} = 0.1 \text{ [V]}$$

5. 誘導起電力の最大値は

$$V = \omega BS = 2\pi f BS = 2\pi \times 250 \times 6.4 \times 10^{-2} \times 1.0 \times 10^{-2} \doteqdot 1.0 \text{ [V]}$$

6. (1) 電圧の最大値：80 V
(2) 電圧の実効値：$\dfrac{80}{\sqrt{2}} \doteqdot 56$ V
(3) 角周波数：100 rad/s
(4) 周波数：$\dfrac{100}{2\pi} \doteqdot 16$ Hz

7. (1) 電圧の実効値：$V_e = \dfrac{V_0}{\sqrt{2}} = \dfrac{141}{\sqrt{2}} \doteqdot 100$ [V]
(2) 電流：$I = \dfrac{V_0}{R}\sin\omega t = \dfrac{141}{50}\sin 50t = 2.8\sin 50t$ [A]
(3) 電力の平均値：$\overline{P} = \dfrac{I_0 V_0}{2} = \dfrac{2.8 \times 141}{2} \doteqdot 200$ [W]

8. (1) 電圧の最大値：$V_0 = \omega L I_0 = 50 \times 5 \times 10^{-3} \times 100 = 25$ [V]
(2) 電圧の実効値：$V_e = \dfrac{V_0}{\sqrt{2}} = \dfrac{25}{\sqrt{2}} \doteqdot 17.7$ [V]

B

1. 6.0×10^{-2} V
2. 1.0×10^{-2} V
3. 1.2×10^{-2} J
4. 0.3 H
5. 電流の最大値は 3.2×10^{-8} A
   電流の実効値は 2.3×10^{-8} A
6. 5.0×10^{-4} H
7. 1.6×10^{-11} F

付　録

A1.　次元と単位

A1.1　次　元

　速さを時速何キロ（km/h）で表してもよいし，秒速何メートル（m/s）で表してもよい．外国では，道路の速度標識を時速何マイルで書いているところもある．台風のニュースなどでは，台風の進む速さを km/h で，風速を m/s で報道している．どのような単位を使って表しても，速さが距離（長さ）を時間で割ったものであることには変わりない．このことを，「速さは長さ÷時間の次元をもつ」という．

　この本で扱うすべての物理量は，長さ，質量，時間，電流の 4 つの量と，温度，物質量の組みあわせで表すことができる．ある量がこれらのどのような組み合わせになっているか，ということを示すのが**次元**である．

　例えば，身長（背の高さ）が 165 cm であるとか，家から駅までの距離が 100 m であるとかいうとき，どちらも「長さ」を意味している．身長，距離，高さなどの「次元」は「長さ」である．

　また，長方形の面積はタテの長さ×横の長さであるが，これは長さ×長さ，すなわち (長さ)^2 である．三角形の面積は $\frac{1}{2}$(ただの数)× 底辺 (長さ)× 高さ (長さ) であり，これも長さ×長さ = (長さ)^2 である．円の面積は π(ただの数)× 半径 (長さ)× 半径 (長さ) で，これも長さ×長さ = (長さ)^2 である．どのような面積でも，その「次元」は「(長さ)^2」である．

　次元を簡単に見やすく表すために，基本的な物理量を次のような記号で表す．

物理量	長さ	質量	時間	電流	温度	物質量
次元	L	M	T	I	K	m

そうして，例えば，「面積の次元が (長さ)^2 である」ということを [面積] = [L^2] のように表す．速さや加速度の次元は [速さ] = [L·T^{-1}]，[加速度] = [L·T^{-2}] である．

自分で式を導いたとき，その結果に間違いがないかどうかを確かめる一つのやり方は，式の左辺と右辺の次元を調べてみることである．

A1.2 単位と単位系

速さはどのような単位で表しても「長さ ÷ 時間」であることに変わりはない．しかし，速さの値 (数値) は単位のとり方で変わる．同じように，

  身長 (背の高さ) 165 cm = 1.65 m = 約 5 フィート 5 インチ
  家から駅までの距離 1000 m = 1 km
  正方形の面積   1 m^2 = 100 cm × 100 cm = 10 000 cm^2

などのように，数値は単位のとり方によって変わる．**どういう単位で表すかで数値は変わるが，次元は変わらない．**

物理の世界では，特に断らなければ，長さは「メートル (記号 m)」，質量は「キログラム (記号 kg)」，時間は「秒 (記号 s)」，電流は「アンペア (記号 A)」を単位とする約束になっている．このような単位のとり方を「**MKSA 単位系**」とよぶ．

これらに加えて，温度の単位「ケルビン」(記号 K)，物質量の単位「モル」(記号 mol)，光度の単位「カンデラ」(記号 cd) を含めたものが「国際単位系」とよばれるものである．

しかし，これだけでは不便なので，これらの基本単位から組立てられる単位をいくつか使うことが許されている．「ニュートン」とか「パスカル」というのは，そのような組立単位である．

数値計算をするときには，単位まで含めて書いておくと，間違いを減らすことができる．また，等号「=」は「左辺と右辺が等しい」という意味だか

ら，例えば

$$36 = 10$$

のように違う数値を等しいと書いたら間違いである．しかし，単位まで含めて

$$36 \text{ [km/h]} = 10 \text{ [m/s]}$$

のように書いてあれば，これは正しい式である．

表 **A1.1**　物理量の基本単位

量	単位名	記号
長さ	メートル	m
質量	キログラム	kg
時間	秒	s
電流	アンペア	A
温度	ケルビン	K
物質量	モル	mol
光度	カンデラ	cd

表 A1.2　固有の名称をもつ組立単位

量	次元	単位名	記号
角度		ラジアン	rad
立体角		ステラジアン	sr
力	MLT^{-2}	ニュートン	$N = kg·m/s^2$
〃	〃	キログラム重	$kgW ≒ 9.8\ N$
圧力	$ML^{-1}T^{-2}$	パスカル	$Pa = N/m^2$
〃	〃	気圧	$1\ atm ≒ 1.01 \times 10^5\ N/m^2$
エネルギー	ML^2T^{-2}	ジュール	$J = N·m = kg·m^2/s^2$
仕事, 熱量	〃	〃	〃
仕事率	ML^2T^{-3}	ワット	$W = J/s = kg·m^2/s^3$
周波数	T^{-1}	ヘルツ	$Hz = 1/s$
電気量, 電荷	TI	クーロン	$C = A·s$
電圧, 電位	$ML^2T^{-3}I^{-1}$	ボルト	$V = J/C = W/A = N·m/C$ $= kg·m^2/(A·s^3)$
静電容量	$M^{-1}L^{-2}T^4I^2$	ファラド	$F = C/V = A^2·s^4/(kg·m^2)$
電気抵抗	$ML^2T^{-3}I^{-2}$	オーム	$\Omega = V/A = kg·m^2/(A^2·s^3)$
コンダクタンス	$M^{-1}L^{-2}T^3I^2$	ジーメンス	$S = A/V = A^2·s^3/(m^2·kg)$
磁束	$ML^2T^{-2}I^{-1}$	ウェーバー	$Wb = V·s = m^2·kg/(s^2·A)$
磁束密度	$MT^{-2}I^{-1}$	テスラ	$T = Wb/m^2 = kg/(s^2·A)$
インダクタンス	$ML^2T^{-2}I^{-2}$	ヘンリー	$H = Wb/A = m^2·kg/(s^2·A^2)$
セルシウス温度	K	セルシウス度	$t[°C] = T\ [K] - 273.15$

表 A1.3　その他の物理量の単位

量	次元	単位名	記号
速度，速さ	LT^{-1}	メートル毎秒	m/s
〃	〃	キロメートル毎時	km/h
加速度	LT^{-2}	メートル毎秒毎秒	m/s^2
力のモーメント	ML^2T^{-2}	ニュートン・メートル	N·m
力積	MLT^{-1}	ニュートン・秒	N·s
運動量	MLT^{-1}	キログラム・メートル毎秒	kg·m/s
熱容量	$ML^2T^{-2}K^{-1}$	ジュール毎ケルビン	J/K
比熱	$L^2T^{-2}K^{-1}$	ジュール毎キログラム 毎ケルビン	J/(kg·K)
電場の強さ	$MLT^{-3}I^{-1}$	ニュートン毎クーロン	N/C
〃	〃	ボルト毎メートル	V/m

A1.3　大きい数，小さい数の表し方

　いくら組立て単位を使っても，ある物理量の数値が非常に大きい数になったり，非常に小さい数になったりする場合がある．このようなとき，非常に大きい数や非常に小さい数を表す方法には2つある．
　一つは

$$10^n = 1\underbrace{0\cdots00\,000}_{n\,\text{個}}$$

$$10^{-n} = \frac{1}{10^n} = \underbrace{0.000\,00\cdots0}_{n\,\text{個}}1$$

という関係を使って，例えば 300 000 000 と書くかわりに 3×10^8，0.000 000 6 のかわりに 6×10^{-7} などと書く方法である．

もう一つの方法は，単位の前に表 A1.4 に示すような記号をつける方法である．これを使うと，例えば 0.000 000 6 m = 0.6 μm = 600 nm などと書くことができる．メートルの 1000 倍の km，1/1000 の mm などはよく使われているし，圧力の単位「パスカル」の 100 倍の「ヘクトパスカル」も天気予報でおなじみだろう．

表 A1.4　単位の前につける記号とその意味する倍数

読み方	記号	大きさ	読み方	記号	大きさ
ヨタ	Y	10^{24}	デシ	d	10^{-1}
ゼタ	Z	10^{21}	センチ	c	10^{-2}
エクサ	E	10^{18}	ミリ	m	10^{-3}
ペタ	P	10^{15}	マイクロ	μ	10^{-6}
テラ	T	10^{12}	ナノ	n	10^{-9}
ギガ	G	10^{9}	ピコ	p	10^{-12}
メガ	M	10^{6}	フェムト	f	10^{-15}
キロ	k	10^{3}	アト	a	10^{-18}
ヘクト	h	10^{2}	ゼプト	z	10^{-21}
デカ	da	10	ヨクト	y	10^{-24}

A2. ベクトル

A2.1 ベクトルの微分と積分

位置をベクトルで表すことができ，これを「位置ベクトル」とよぶ．位置ベクトルは

$$\vec{r} = (x, y) \qquad 2次元の場合$$
$$\vec{r} = (x, y, z) \qquad 3次元の場合$$

のように書く．

位置ベクトルの時間変化率は，位置ベクトルの各成分の時間変化率を成分とするベクトルである[*24]．これが速度ベクトルである．すなわち，単位時間あたりの位置の変化が，x方向にはどれだけで，y方向にはどれだけであるか（3次元の場合には z 方向も），ということを表しているベクトル量である．

$$\vec{v} = (v_x, v_y) = \left(\frac{\mathrm{d}x}{\mathrm{d}t}, \frac{\mathrm{d}y}{\mathrm{d}t}\right) \qquad 2次元の場合 \qquad (A2.1)$$

$$\vec{v} = (v_x, v_y, v_z) = \left(\frac{\mathrm{d}x}{\mathrm{d}t}, \frac{\mathrm{d}y}{\mathrm{d}t}, \frac{\mathrm{d}z}{\mathrm{d}t}\right) \qquad 3次元の場合 \qquad (A2.2)$$

同じように，速度ベクトルの時間変化率は速度ベクトルの各成分の時間変化率を成分とするベクトルであり，これを「**加速度ベクトル**」，あるいは単に「加速度」とよぶ．

$$\vec{a} = (a_x, a_y) = \left(\frac{\mathrm{d}v_x}{\mathrm{d}t}, \frac{\mathrm{d}v_y}{\mathrm{d}t}\right)$$

$$= \left(\frac{\mathrm{d}^2 x}{\mathrm{d}t^2}, \frac{\mathrm{d}^2 y}{\mathrm{d}t^2}\right) \qquad 2次元の場合 \qquad (A2.3)$$

[*24] 大沼他「基礎から学ぶ物理学」2.7 節参照

$$\vec{a} = (a_x,\ a_y,\ a_z) = \left(\frac{dv_x}{dt},\ \frac{dv_y}{dt},\ \frac{dv_z}{dt}\right)$$

$$= \left(\frac{d^2x}{dt^2},\ \frac{d^2y}{dt^2},\ \frac{d^2z}{dt^2}\right) \qquad 3次元の場合 \qquad (A2.4)$$

式 (A2.1), (A2.2), (A2.3), (A2.4) を簡単に

$$\vec{v} = \frac{d}{dt}\vec{r} \tag{A2.5}$$

$$\vec{a} = \frac{d}{dt}\vec{v} = \frac{d^2}{dt^2}\vec{r} \tag{A2.6}$$

のように書く場合も多い．

ベクトルの積分は各成分の積分である[*25]．例えば，

$$\int \vec{v}\,dt = \int (v_x,\ v_y,\ v_z)dt = \left(\int v_x dt,\ \int v_y dt,\ \int v_z dt\right)$$

A2.2 ベクトル式の演算

(1) 等号 (=) は「等しい」という意味である．違うものを = で結んではいけない．

　　　左辺（右辺）がベクトルなら，右辺（左辺）もベクトル
　　　左辺（右辺）がスカラーなら，右辺（左辺）もスカラー

でないといけない．

(2) ベクトルの足し算

$\vec{A} = (a_x,\ a_y,\ a_z)$, $\vec{B} = (b_x,\ b_y,\ b_z)$ としたとき，

$$\vec{A} + \vec{B} = (a_x + b_x,\ a_y + b_y,\ a_z + b_z) \tag{A2.7}$$

[*25] 大沼他「基礎から学ぶ物理学」2.7 節参照

(3) ベクトル × スカラー, スカラー × ベクトルはベクトル
あるベクトルを $\vec{A} = (a_x, a_y, a_z)$, あるスカラーを k とすると,

$$k\vec{A} = k(a_x, a_y, a_z) = (ka_x, ka_y, ka_z) \tag{A2.8}$$

(4) ベクトルの絶対値（ベクトルの長さ）はスカラー

$$|\vec{A}| = \sqrt{a_x^2 + a_y^2 + a_z^2} \tag{A2.9}$$

特に, 絶対値が 1 のベクトルを**単位ベクトル**とよぶ.

(5) ベクトルとベクトルのかけ算は, 結果が
スカラーの場合（**スカラー積**）と
ベクトルの場合（**ベクトル積**）と
がある.

$\vec{A} = (a_x, a_y, a_z)$, $\vec{B} = (b_x, b_y, b_z)$ としたとき,

スカラー積は

$$\vec{A} \cdot \vec{B} = a_x b_x + a_y b_y + a_z b_z \tag{A2.10}$$

この場合, 結果はただ一つの値, つまりスカラーになる.
スカラー積を使うと, ベクトル $\vec{A}$ の絶対値は

$$|\vec{A}| = \sqrt{\vec{A} \cdot \vec{A}} \tag{A2.11}$$

と表すことができる.
ベクトル $\vec{A}$ とベクトル $\vec{B}$ とのなす角を θ とすると（図 A2.1）,

$$\vec{A} \cdot \vec{B} = |\vec{A}| \cdot |\vec{B}| \cos\theta \tag{A2.12}$$

付　　録

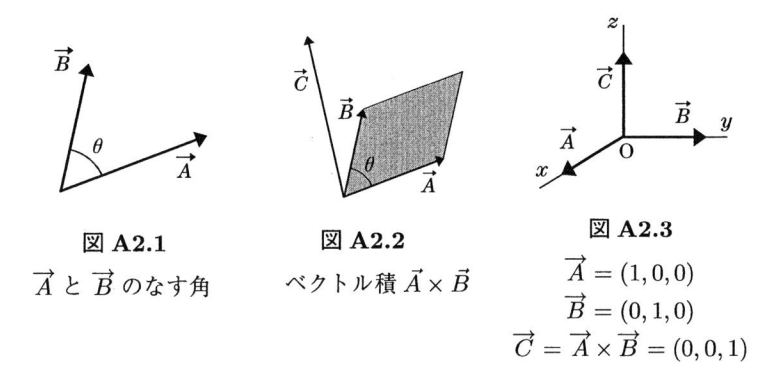

図 A2.1
$\vec{A}$ と $\vec{B}$ のなす角

図 A2.2
ベクトル積 $\vec{A} \times \vec{B}$

図 A2.3
$\vec{A} = (1, 0, 0)$
$\vec{B} = (0, 1, 0)$
$\vec{C} = \vec{A} \times \vec{B} = (0, 0, 1)$

ベクトル積は

$$\vec{A} \times \vec{B} = (a_y b_z - a_z b_y,\ a_z b_x - a_x b_z,\ a_x b_y - a_y b_x) \tag{A2.13}$$

この場合，結果は 3 個の数値の組，すなわちベクトルになる．
ベクトル $\vec{A}$ とベクトル $\vec{B}$ とのなす角を θ とすると，$\vec{C} = \vec{A} \times \vec{B}$ の絶対値は，

$$|\vec{C}| = |\vec{A} \times \vec{B}| = |\vec{A}| \cdot |\vec{B}| \sin\theta \tag{A2.14}$$

で，これは図 A2.2 の平行四辺形の面積に等しい．$\vec{C}$ の向きは，$\vec{A}$ を $\vec{B}$ に重ねるようにまわしたときに，右ネジの進む方向である（図 A2.2）．
特に，$\vec{A} = (1,\ 0,\ 0)$，$\vec{B} = (0,\ 1,\ 0)$ であるとき，

$$\vec{C} = \vec{A} \times \vec{B} = (0,\ 0,\ 1) \tag{A2.15}$$

これを図で示すと，図 A2.3 のようになる．

A3. 微分これだけは覚えて

次の公式を覚えていると，大学低学年の間に物理で出会う微積分はかなりできるようになる．

$$y = f(x) = ax^n \quad \text{のとき} \quad \frac{dy}{dx} = \frac{d}{dx}f(x) = anx^{n-1} \tag{A3.1}$$

ここで a と n は定数である．以下に式（A3.1）の応用例を示す．

$n = 0$ $y = f(x) = a$ $\dfrac{dy}{dx} = \dfrac{d}{dx}f(x) = 0$

$n = 1$ $y = f(x) = ax$ $\dfrac{dy}{dx} = \dfrac{d}{dx}f(x) = a$

$n = 2$ $y = f(x) = ax^2$ $\dfrac{dy}{dx} = \dfrac{d}{dx}f(x) = 2ax$

$n = 3$ $y = f(x) = ax^3$ $\dfrac{dy}{dx} = \dfrac{d}{dx}f(x) = 3ax^2$

……   ……   ……

$n = -1$ $y = f(x) = ax^{-1} = \dfrac{a}{x}$ $\dfrac{dy}{dx} = \dfrac{d}{dx}f(x) = -ax^{-2} = -\dfrac{a}{x^2}$

$n = -2$ $y = f(x) = ax^{-2} = \dfrac{a}{x^2}$ $\dfrac{dy}{dx} = \dfrac{d}{dx}f(x) = -2ax^{-3} = -\dfrac{2a}{x^3}$

……   ……   ……

$n = 1/2$ $y = f(x) = ax^{1/2} = a\sqrt{x}$ $\dfrac{dy}{dx} = \dfrac{d}{dx}f(x) = \dfrac{a}{2}x^{-1/2} = \dfrac{a}{2\sqrt{x}}$

$n = -1/2$ $y = f(x) = ax^{-1/2} = \dfrac{a}{\sqrt{x}}$ $\dfrac{dy}{dx} = \dfrac{d}{dx}f(x) = -\dfrac{a}{2}x^{-3/2} = -\dfrac{a}{2\sqrt{x^3}}$

……   ……   ……

［**注意**］　記号は何でもよい．前ページの一般式は次のようにないろいろな書き方をしても同じことである．

$$x = f(t) = at^n \text{ のとき } \frac{\mathrm{d}x}{\mathrm{d}t} = \frac{\mathrm{d}}{\mathrm{d}t}f(t) = ant^{n-1}$$

$$p = g(r) = qr^k \text{ のとき } \frac{\mathrm{d}p}{\mathrm{d}r} = \frac{\mathrm{d}}{\mathrm{d}r}g(r) = qkr^{k-1}$$

さらに，以下の公式も知っていると，大学 1，2 年の間に物理で出会う微積分にはほぼ間に合うだろう．

$$y = f(x) = a\sin(x) \text{ のとき } \quad \frac{\mathrm{d}y}{\mathrm{d}x} = \frac{\mathrm{d}}{\mathrm{d}x}f(x) = a\cos(x) \quad \text{(A3.2)}$$

$$\int f(x)\mathrm{d}x = \int a\sin(x)\mathrm{d}x = -a\cos(x) + C \quad \text{(A3.3)}$$

$$y = f(x) = a\cos(x) \text{ のとき } \quad \frac{\mathrm{d}y}{\mathrm{d}x} = \frac{\mathrm{d}}{\mathrm{d}x}f(x) = -a\sin(x) \quad \text{(A3.4)}$$

$$\int f(x)\mathrm{d}x = \int a\cos(x)\mathrm{d}x = a\sin(x) + C \quad \text{(A3.5)}$$

したがって

$$y = f(x) = a\sin(x) \text{ のとき } \quad \frac{\mathrm{d}^2 y}{\mathrm{d}x^2} = \frac{\mathrm{d}^2}{\mathrm{d}x^2}f(x) = \frac{\mathrm{d}}{\mathrm{d}x}\left(\frac{\mathrm{d}y}{\mathrm{d}x}\right) \quad \text{(A3.6)}$$

$$= \frac{\mathrm{d}}{\mathrm{d}x}a\cos(x) = -a\sin(x) = -f(x) \quad \text{(A3.6)}$$

$$y = f(x) = a\cos(x) \text{ のとき } \quad \frac{\mathrm{d}^2 y}{\mathrm{d}x^2} = \frac{\mathrm{d}^2}{\mathrm{d}x^2}f(x) = \frac{\mathrm{d}}{\mathrm{d}x}\left(\frac{\mathrm{d}y}{\mathrm{d}x}\right)$$

$$= \frac{\mathrm{d}}{\mathrm{d}x}(-a\sin(x)) = -a\cos(x) = -f(x) \quad \text{(A3.7)}$$

A4. ラジアンと三角関数

A4.1 ラジアンで表した角度

角度 θ を「度 [°]」で表すと，半径 r の円の弧の長さ ℓ と θ の間には，

$$\frac{\theta°}{360°} = \frac{\ell}{2\pi r}$$

すなわち

$$\theta° = \frac{\ell}{2\pi r} \times 360° = \frac{360}{2\pi} \times \frac{\ell}{r}$$

という関係がある．この係数 $\frac{360}{2\pi}$ を除いてしまったものが「**ラジアン**（記号 **[rad]**）」である．

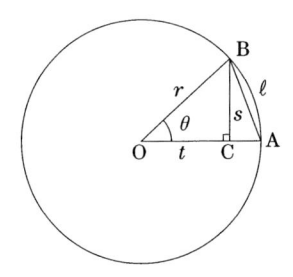

図 A4.1 弧の長さと角度

すなわち，角度 θ をラジアンで表すと，

$$\theta \text{ [rad]} = \frac{\ell}{r} = \theta° \times \frac{2\pi}{360} \tag{A4.1}$$

したがって

$$\ell = r\theta \tag{A4.2}$$

という関係がある．

いくつかの角度を度とラジアンの両方で表してみると，

$$360° = 2\pi \text{ [rad]}$$

$$180° = \pi \text{ [rad]}$$

$$90° = \frac{\pi}{2} \text{ [rad]}$$

$$1 \text{ [rad]} = \frac{180}{\pi} = 57.2958\cdots°$$

A4.2　三角関数の近似値

図 A4.1 のように $\overline{BC} = s$ としたとき，

$$\sin\theta = \frac{s}{r}$$

である．角度 θ が小さいときには，s と弧の長さ ℓ とはほぼ等しい．すると，

$$\sin\theta \fallingdotseq \frac{\ell}{r}$$

ところが，θ をラジアンで表すと，$\ell = r\theta$ だから，

$$\sin\theta \fallingdotseq \frac{r\theta}{r} = \theta$$

となる．

また，$\overline{OC} = t$ としたとき，

$$\cos\theta = \frac{t}{r}$$

であるが，角度 θ が小さいときには，$t \fallingdotseq r$ だから，

$$\cos\theta \fallingdotseq 1$$

結局，角度 θ をラジアンで表しておくと，**角度が小さいときの三角関数の近似値**として，次のような式が得られる．

$$\sin\theta \fallingdotseq \theta \tag{A4.3}$$

$$\cos\theta \fallingdotseq 1 \tag{A4.4}$$

$$\tan\theta \fallingdotseq \sin\theta \fallingdotseq \theta \tag{A4.5}$$

A5. 万有引力とクーロン力の比較

万有引力とクーロン力は，どちらも大きさが距離の2乗に反比例する力であり，対比させてみると理解しやすくなる．

万有引力

質量 m [kg], M [kg] の2つの物体が距離 r [m] だけ離れているとき，その間にはたらく力 [N] は

$$F = G\frac{mM}{r^2}$$

$$= mg$$

ただし，

$$g = G\frac{M}{r^2}$$

は，M のつくる**重力場**の大きさ．

$$G \fallingdotseq 6.7 \times 10^{-11} [\text{N} \cdot \text{m}^2 \cdot \text{kg}^{-2}]$$

地球の表面近くでは g はほぼ一定で，9.8 [m/s^2] $\fallingdotseq$ 10 [m/s^2]．これを**地球の重力加速度**の大きさという．

クーロン力

電気量 q [C], Q [C] の2つの電荷が真空中で距離 r [m] だけ離れているとき，その間にはたらく力 [N] は，

$$F = k_0 \frac{qQ}{r^2}$$
$$= \frac{1}{4\pi\epsilon_0} \cdot \frac{qQ}{r^2}$$
$$= qE$$

ただし，

$$E = k_0\frac{Q}{r^2} = \frac{1}{4\pi\epsilon_0} \cdot \frac{Q}{r^2}$$

は，Q のつくる**電場**の大きさ．

$$k_0 \fallingdotseq 9 \times 10^{11} [\text{N} \cdot \text{m}^2 \cdot \text{C}^{-2}]$$

質量 m の物体を M からの距離が r_1 の点から r_2 の点まで運ぶのに必要な仕事は，

$$W = GmM\left(\frac{1}{r_1} - \frac{1}{r_2}\right)$$

$r_2 \to \infty$ としたときの $W = GmM\dfrac{1}{r_1}$ のことを，無限遠を 0 としたときの，r_1 における物体 m の**位置エネルギー**，あるいは**重力ポテンシャル**の大きさという．W の単位は $[\mathrm{J}]=[\mathrm{N\cdot m}]$.

もし，$r_1 = r$, $r_2 = r+h$ で，$h \ll r$ ならば，

$$W \fallingdotseq GmM\frac{h}{r^2} = mgh$$

電気量 q の物体を電荷 Q からの距離が r_1 の点から r_2 の点まで運ぶのに必要な仕事は，

$$W = k_0 qQ\left(\frac{1}{r_1} - \frac{1}{r_2}\right)$$

$r_2 \to \infty$ としたときの $W = k_0 qQ\dfrac{1}{r_1}$ は，無限遠を 0 としたときの，r_1 における電荷 q の（クーロン力による）位置エネルギーであるが，これから q を除いた

$$\phi = k_0 Q\frac{1}{r_1} = \frac{1}{4\pi\epsilon_0}\cdot\frac{Q}{r_1}$$

のことを，電荷 Q による r_1 における**静電ポテンシャル（クーロンポテンシャル）の大きさ**，あるいは**電位**という．ϕ の単位は $[\mathrm{J/C}]=[\mathrm{N\cdot m/C}]=[\mathrm{V}]$（ボルト）.

万有引力とクーロン力は，このように平行して考えると考えやすい 2 つの力だが，大きく違う点もある．

第 1 の違いは，万有引力は，その名が示す通りすべての物体の間に働くのに対し，クーロン力は電荷をもった物体の間にしか働かないことである．

第 2 の違いは，万有引力が常に引力であるのに対し，クーロン力は引力の場合と反発力の場合があることである．

第 3 の違いは，G と k_0 の値の違いに見られるような強さの違いである．1 kg の物体を 2 つ 1 m 離して置いた場合にその間にはたらく万有引力と，1 C の電荷を 2 つ 1 m 離して置いた場合にその間にはたらくクーロン力の大き

さとは，10^{22} 倍も違う．

簡単な分子や原子の大きさは 4.10 節で計算したように，およそ 10^{-10} m 程度である．原子は原子核の周りを電子が取り巻いており，その構造はしばしば太陽系に例えられる．太陽系の大きさは 10^{12} m 程度であり[*26)]，太陽系の大きさと原子の大きさとは，およそ 10^{22} 倍違う．この比の値が上で求めたクーロン力と万有引力の比と同じになるのは，決して偶然ではない．

このようにクーロン力は万有引力に比べて圧倒的に強いので，帯電体の間にはたらく力を考えるときには，クーロン力だけを考えて，万有引力は無視してよい．

A6. ギリシャ文字のアルファベット

大文字	小文字	読み方	大文字	小文字	読み方
A	α	アルファ	N	ν	ニュー
B	β	ベータ	Ξ	ξ	クサイ
Γ	γ	ガンマ	O	o	オミクロン
Δ	δ	デルタ	Π	π	パイ
E	ε	イプシロン	P	ρ	ロー
Z	ζ	ツェータ	Σ	σ	シグマ
H	η	イータ	T	τ	タウ
Θ	θ	シータ	Υ	υ	ウプシロン
I	ι	イオタ	Φ	ϕ	ファイ
K	κ	カッパ	X	χ	カイ
Λ	λ	ラムダ	Ψ	ψ	プサイ
M	μ	ミュー	Ω	ω	オメガ

[*26)] いちばん大きい木星の軌道半径が約 8 億 km $= 8\times10^{11}$ m，いちばん外側の冥王星の平均軌道半径が約 60 億 km $= 6\times10^{12}$ m である．

A7. 物理定数表

名称	記号	数値	単位
重力加速度（標準値）	g	9.80665	m/s^2
万有引力定数	G	6.673×10^{-11}	N·m^2/kg^2
地球の質量		5.974×10^{24}	kg
地球の赤道半径		6.378×10^{6}	m
地球公転の軌道長半径		1.496×10^{11}	m
太陽の質量		1.989×10^{30}	kg
太陽の赤道半径		6.960×10^{8}	m
月の質量		7.348×10^{22}	kg
月の赤道半径		1.738×10^{6}	m
月の軌道長半径		3.844×10^{8}	m
熱の仕事当量	J	4.18605	J/cal
気体定数	R	8.314472	J/(K·mol)
理想気体 1 mol の体積（0°C，1 気圧）	V_0	2.2413996×10^{-2}	m^3
アボガドロ数	N_A	6.02214199×10^{23}	/mol
ボルツマン定数	k	1.3806503×10^{-23}	J/K
1 気圧		1.01325×10^{5}	Pa
クーロンの法則の定数（真空中）	k_0	8.987551787×10^{9}	N·m^2/C^2
真空の誘電率	ε_0	$8.854187817\times 10^{-12}$	F/m
真空の透磁率	μ_0	$4\pi\times 10^{-7}$	N/A^2
電子の質量	m_e	$9.10938188\times 10^{-31}$	kg
電気素量	e	$1.602176462\times 10^{-19}$	C
光の速さ（真空中）	c	2.99792458×10^{8}	m/s^2

（注）CODATA1998 年推奨値，および理科年表 2002 年版（国立天文台編，丸善）による．

索　　引

ア　行

圧力　76
アボガドロ数　79
アンペア（単位）　125
アンペールの法則　140

位相　155
位置エネルギー　53, 58

ウェーバー（単位）　135
運動エネルギー　53
運動の第 1 法則　34
運動の第 2 法則　36
運動の第 3 法則　38
運動方程式　37
運動量　39
運動量保存の法則　43

永久機関　99
エネルギー保存則　92
遠心力　65

オーム（単位）　125, 157, 158
オームの法則　125
重さ　25

カ　行

ガウスの法則　111
角周波数　154
角速度　60
加速度　5
カロリー（単位）　82
慣性系　34, 64
慣性の法則　34
慣性力　64
完全非弾性衝突　45

気圧　90
気化熱　84
気体定数　79
起電力　124
共振　159
キルヒホッフの第 1 法則　129
キルヒホッフの第 2 法則　129
キログラム重　25

偶力　32
クーロン（単位）　107
クーロンの法則（静電気に関する）　106
クーロン力　104

ケルビン（単位）　77
原子量　85

向心力　63
剛体　32
交流起電力　154

交流電圧　154
交流電流　155
抗力　29
合力　26
固有振動数　159
コンデンサー　118

サ　行

サイクル　96
最大摩擦力　29
作用線　25
作用点　25
作用・反作用の法則　38

ジーメンス（単位）　127
磁極　134
次元　186
自己インダクタンス　151
仕事　50
仕事率　52
自己誘導　151
磁束　135
磁束密度　134
実効値　156
質量　25
質量中心　33
磁場　134
シャルルの法則　77
周期　61, 154
重心　33
自由電子　105

索　引

重力　25
重力加速度　15
ジュール（単位）　50
ジュール熱　128
状態量　94
蒸発　84
蒸発熱　84
初速度　8
真空の透磁率　136, 145
真空の誘電率　107
振動電流　158

垂直抗力　29
スカラー　11
スカラー積　194

静磁場　134
静止摩擦係数　30
静止摩擦力　29
静電エネルギー　123
静電気力　104
静電場　107
静電誘導　105
絶縁体　105
絶対温度　77
絶対0度　78
潜熱　84

相互インダクタンス　153
相互誘導　153
速度　5
――の合成　12
――の分解　12
ソレノイド　141

タ　行

帯電　104
帯電体　104
単位ベクトル　194
弾性エネルギー　56
弾性衝突　44
弾性力　28

断熱変化　95

力　25
――の合成　26
――の分解　26
――のモーメント　31
張力　28

定圧変化　95
抵抗　125
抵抗率　127
定常電流　124
定積変化　95
テスラ（単位）　134
電圧　114
電位　114
電位差　114
電圧降下　125
電位降下　125
電荷の保存則　104
電気振動　158
電気素量　107
電気抵抗　125
電気抵抗率　127
電気伝導率　127
電気容量　119
電気力線　109
電気量　104
電磁波　160
電磁誘導　148
電束電流　160
電場　107
点電荷　104
電流　124
電流密度　127
電力　128
電力量　128

等圧変化　95
等温変化　94
等加速度運動　7
等積変化　95

等速運動　3
等速円運動　60
等速直線運動　5
等速度運動　5
導体　105
等電位面　114
動摩擦係数　30
動摩擦力　30

ナ　行

内部エネルギー　92

ニュートン（単位）　37

熱エネルギー　81
熱機関　96
熱の仕事当量　82
熱容量　83
熱力学第1法則　93
熱力学第2法則　99

ハ　行

パスカル（単位）　76
はねかえり係数　44
ばね定数　29
速さ　2
反発係数　44
万有引力　66
万有引力定数　66

ビオ・サバールの法則　137
非弾性衝突　44
比熱　83

ファラデーの電磁誘導の法則
　　149
ファラド（単位）　119
不可逆変化　98
フックの法則　29
分子量　85
分力　26

平行四辺形の法則　11
平行板コンデンサー　118
ベクトル　11
ベクトル積　194
ベクトルの成分　13
変位　4
変位電流　160
ヘンリー（単位）　151

ボイル・シャルルの法則　78
ボイルの法則　77
放物運動　20
保存力　58
ボルツマン定数　80
ボルト（単位）　114

マ 行

摩擦力　29

モル数　79

ヤ 行

融解　84
融解熱　84
誘電分極　105
誘導起電力　148
誘導電流　148

ラ 行

ラジアン（単位）　198

ランダム　74
リアクタンス　157, 158
力学的エネルギー　55
力学的エネルギー保存の法則　57
力積　40
理想気体　80
　——の状態方程式　80

レンツの法則　149

ローレンツ力　143

ワ 行

ワット（単位）　52

著者略歴

大沼　甫（おおぬま・はじめ）
1936年　北海道に生まれる
1958年　東京大学理学部物理学科卒業
現　在　千葉工業大学教授
　　　　理学博士
主な著書　物理学大百科（共監訳, 朝倉書店）, 日中英対照物理用語辞典（朝倉書店）, 基礎から学ぶ物理学（上・下）（共著, 培風館）

相川文弘（あいかわ・ふみひろ）
1955年　千葉県に生まれる
1979年　東京理科大学理学部応用物理学科卒業
現　在　千葉工業大学助教授
　　　　理学博士
主な著書　基礎から学ぶ物理学（上・下）（共著, 培風館）

鈴木　進（すずき・すすむ）
1966年　千葉県に生まれる
1994年　千葉工業大学大学院工学研究科電気電子工学専攻博士後期課程修了
現　在　千葉工業大学講師
　　　　博士（工学）

はじめからの物理学

2002年4月10日　初版第1刷
2015年3月25日　　　第11刷

定価はカバーに表示

著　者　大　沼　　　甫
　　　　相　川　文　弘
　　　　鈴　木　　　進
発行者　朝　倉　邦　造
発行所　株式会社　朝　倉　書　店
　　　　東京都新宿区新小川町 6–29
　　　　郵便番号 162–8707
　　　　電　話 03(3260)0141
　　　　FAX 03(3260)0180
　　　　http://www.asakura.co.jp

〈検印省略〉

©2002〈無断複写・転載を禁ず〉

三美印刷・渡辺製本

ISBN 978-4-254-13089-8　C 3042

Printed in Japan

JCOPY　＜(社)出版者著作権管理機構　委託出版物＞

本書の無断複写は著作権法上での例外を除き禁じられています。複写される場合は、そのつど事前に、(社)出版者著作権管理機構（電話 03-3513-6969, FAX 03-3513-6979, e-mail: info@jcopy.or.jp）の許諾を得てください。

好評の事典・辞典・ハンドブック

物理データ事典 　　　日本物理学会 編 / B5判 600頁
現代物理学ハンドブック 　　　鈴木増雄ほか 訳 / A5判 448頁
物理学大事典 　　　鈴木増雄ほか 編 / B5判 896頁
統計物理学ハンドブック 　　　鈴木増雄ほか 訳 / A5判 608頁
素粒子物理学ハンドブック 　　　山田作衛ほか 編 / A5判 688頁
超伝導ハンドブック 　　　福山秀敏ほか 編 / A5判 328頁
化学測定の事典 　　　梅澤喜夫 編 / A5判 352頁
炭素の事典 　　　伊与田正彦ほか 編 / A5判 660頁
元素大百科事典 　　　渡辺 正 監訳 / B5判 712頁
ガラスの百科事典 　　　作花済夫ほか 編 / A5判 696頁
セラミックスの事典 　　　山村 博ほか 監修 / A5判 496頁
高分子分析ハンドブック 　　　高分子分析研究懇談会 編 / B5判 1268頁
エネルギーの事典 　　　日本エネルギー学会 編 / B5判 768頁
モータの事典 　　　曽根 悟ほか 編 / B5判 520頁
電子物性・材料の事典 　　　森泉豊栄ほか 編 / A5判 696頁
電子材料ハンドブック 　　　木村忠正ほか 編 / B5判 1012頁
計算力学ハンドブック 　　　矢川元基ほか 編 / B5判 680頁
コンクリート工学ハンドブック 　　　小柳 洽ほか 編 / B5判 1536頁
測量工学ハンドブック 　　　村井俊治 編 / B5判 544頁
建築設備ハンドブック 　　　紀谷文樹ほか 編 / B5判 948頁
建築大百科事典 　　　長澤 泰ほか 編 / B5判 720頁

価格・概要等は小社ホームページをご覧ください．